101件
全球品味人士
都在買的好物

「選擇越多，就越難抉擇。」

──亞倫‧瓦爾[3]

　　但若你實在沒時間親自到印度的久德浦(Jodphur)買香料，倒不妨利用網路。網路購物業在經過一段蹣跚的起步期後，終於發現本身的真正潛質，因此現在我們也能透過網路，買到世界各地的商品，就連離你本國最遠的商店，都能像自家街角的小店一樣方便。

　　這本書共分7大部分，即服飾、飲食、美妝、家飾、珠寶、鞋子和飾品，以及運動休閒用品，以方便讀者翻查。我們也用英鎊、美金、及歐元3種幣值標示價格，並四捨五入到整數。為使讀者更加便利，我們還針對購買某些特定商品時需留意的事項，提供寶貴的建議，例如選購鑽石的注意要點、品嘗頂級香檳的方法、還有在外國露天市集購物時討價還價的小秘訣和規矩等。我們也盡可能提出名符其實的最佳選擇。事實上，本書的目的就是要為讀者去蕪存菁。畢竟大家都消費過度了，因此透過這道去蕪存菁的過程，讓讀者直接面對最佳選擇，便能自然而然減少無謂的消費。

　　每個人都會逛街購物，但並非每個人都喜歡這件事，只不過有時還是得做。不過若選得好、買得對，購物也可以是一種樂趣；即使是最頑固落伍的男人，也能透過在北非市集裡討價還價或在巴黎的愛馬仕(Hermès)精品店瀏覽精美小牛皮行李箱的過程中，感受到樂趣。若你清楚知道自己在找什麼，以及到哪裡找，就能更從容自在的購物，體驗到擁有某件獨特商品的滿足感，以及被美麗事物環繞的喜悅。

　　我們所挑選出來的東西，除了較近推出的精緻物件外，也包括永不受潮流影響的單品，以及已通過時間考驗的經典──雖然這些形容詞經常被生活風格類的報章雜誌濫用，但我們會在這本書中證明那些商品的確名符其實。你或許不見得完全認同當中列舉的物件，但我們盼望你會同意我們寫作此書的目的，並開始購買更好的商品。若真能如此，這本書，將能讓你成為一個更謹慎精明的消費者。

3.Abbe d'Allainval，1695～1753，法國劇作家3.Abbe d'Allainval，1695～1753，法國劇作家。

服飾 Clothes

「世上最完美的外衣是人的肌膚；只不過
我們社會所要求的，當然比這還多。」

——美國作家，馬克·吐溫
(Mark Twain, 1835~1910)

喀什米爾毛衣

Loro Piana V-neck sweater

哪裡買？

47 Sloane Street, London, SW1・電話：00 44 207 235 3203・地址：821 Madison Avenue, New York, NY 10021・
電話：00 1 212 980 7961・其他分店・網站：www.loropiana.com

多少錢？

395英鎊／693美金／586歐元

喀什米爾服飾之冠是Loro Piana。無論是採購人員還是自詡為行家的人，都一致認為它是金錢所能買到最好的東
西，而這個品牌的V領毛衣，也是每個會去買拉夫

• 羅倫(Ralph Lauren)羅紋毛衣（另一個經典）
的喀什米爾毛衣迷都極渴望擁有的──
要不是它那麼貴的話。不過就
Loro Piana而言，親
自觸摸就會明瞭其
價值；它那令人
咋舌的價格，
主要是因為
嚴格的品質
控管。Loro
Piana的毛
衣只使用最
純的白色喀
什米爾羊毛
──最稀有，
所以也最令人
難以抗拒──它
取自生長於中亞
高海拔地區的藏
羊。海拔越高，毛紗
品質越佳，依此類推。
這個義大利家族企業在18世
紀創於義大利的紡織業中心特維羅
城(Trivero)，如今由衣著品味雅致的Loro
Piana家族兩兄弟皮爾──路吉(Pier Luigi)和塞
吉歐(Sergio)經營。它還有自營品牌系列──其披巾
和男裝都獲得很高評價──以及訂做服務，而Loro Piana
也是世界最大的喀什米爾毛料製造商，為Jil Sander、Giorgio
Armani和J. Crew等多家品牌供應毛料。

Loro Piana V領毛衣

Pringle V領
喀什米爾毛衣

PRINGLE V-NECK SWEATER

哪裡買？ 112 New Bond Street, London, W1．
電話：00 44 207 297 4580．
網站：www.pringlescotland.com

多少錢？ 200英鎊／351美金／297歐元起

Pringle的商標——一隻蘇格蘭雄獅——可說全球知名，而它在1950年代也是當紅的時尚名牌之一，好萊塢影星洛琳・白考兒(Lauren Bacall)及後來成為摩納哥王妃的葛麗絲・凱莉(Grace Kelly)，都曾穿過Pringle的兩件式毛衣。這個由羅伯・普林格(Robert Pringle)於1815年創立的品牌，近幾年已改頭換面，呈現出較清新、時髦的形象。

LUCIEN PELLAT-FINET SWEATER

哪裡買？ 1 Rue de Montalembert, 75007, Paris, France．
電話：00 33 1 42 22 22 77．
網站：www.lucienpellat-finet.com

多少錢？ 1000英鎊／1815美金／1477歐元起

Lucien Pellat-Finet的毛衣流露出強烈的歐陸奢華風格，比一般的黑色高領毛衣更吸引人。搶眼的效果——包括迷幻的顏色以及如骷髏頭和大麻葉等酷炫的圖案——加上精良的品質，會讓你覺得為它付出的每一分錢都值得。

Lucien Pellat-Finet毛衣

平價的中國喀什米爾毛衣

哪裡買？ Lin Mei Chin，93 Ling Ling Road, Beijing, China．電話：00 86 1370 195 5249

哪裡買？ 一套三件約200英鎊／380美金／360歐元

最近市面上之所以會湧入大量較便宜的喀什米爾毛織品，是因為中國大陸挾其低廉的勞工成本、大量製造所致。中國喀什米爾織品的品質不算好，可能因為欠缺喀什米爾毛料紡織的固有傳統和技術，但這種情況正快速轉變中，不過義大利和蘇格蘭仍會保持領先地位一段時間。如果你正好到北京，不妨造訪Lin Mei Chin這家店，購買量身訂做的多層織喀什米爾毛衣。

可穿一輩子的喀什米爾毛衣

要不要乾洗，是喀什米爾毛衣愛好者必須好好思考的問題。喀什米爾織品清理專門店(Cashmere Clinic，11 Beauchamp Place, London W1，電話：00 44 207 584 9806)是倫敦西區貴婦名媛唯一會放心將自己的雙層織喀什米爾服飾交其清洗的店；而在此任職的席雅瑪‧費納多(Shyama Fernardo)提供了幾點祕訣：

• 有些人擅長清洗喀什米爾織品，有些人則否。就是這麼簡單；你必須知道自己屬於哪一類。如果你屬於後者，最好把你的衣服交給喀什米爾毛料專業清洗業者。

• 你必須小心保護自己的喀什米爾服飾，否則它們就會完蛋。我們會將客戶的衣服送到蘇格蘭，因為他們擁有喀什米爾紡

織業的悠久傳統，也代表他們的處理能力最佳。

• 我絕不建議客戶將喀什米爾服飾送去乾洗，因為化學藥劑會縮短它們的壽命。最好使用冷洗精或極少量、也更溫和的嬰兒洗髮精手洗，或把洗衣機調到最輕柔洗程。

• 當喀什米爾質料服裝以慢速脫水後，用手輕輕將剩餘的水擠出，然後把衣服平鋪在大毛巾上，再將衣服調整成它原本該有的形狀後晾乾。

• 手洗並不是很有效率，因為你洗好後必須將水擠壓出來，這需要耐性；而且假使有洗衣精殘留，喀什米爾毛料便會糾結、失去光澤。

• 對於越穿越大這個總會碰到的問題，讓喀什米爾毛衣恢復原本尺寸的唯一辦法便是清洗。在清洗過程中，它會縮小。

最好的帕許米納(Pashmina)

哪裡買？ Tashia，178 Walton Street, London, SW3
電話：00 44 207 589 0082 網站：www.tashia.com
哪裡買？ 800英鎊 / 1448美金 / 1170歐元起

「最好的帕許米納產自尼泊爾的加德滿都(Katmandu)。他們的品質比印度當地用機器織的帕許米納好得多。最完美的質料是以65%的喀什米爾羊毛和35%的絲混紡。

如果料子太軟，披巾會起毛球；如果紡入太多絲，披巾會顯得過亮。流蘇也很重要。太粗會很難看，太細則會有廉價的感覺。尼泊爾製作的流蘇，跟古巴雪茄一樣，都是以手工搓製！帕許米納披巾的清洗方式也很重要。最糟的莫過於送去乾洗或用洗衣機清洗。要讓它看起來依然細滑如新，應以溫水加洗髮精用手洗，捲成筒狀壓出水分後攤平晾乾。」

——Tashia的莎拉‧奇雅拉蒙
(Sara Chiaramonte)

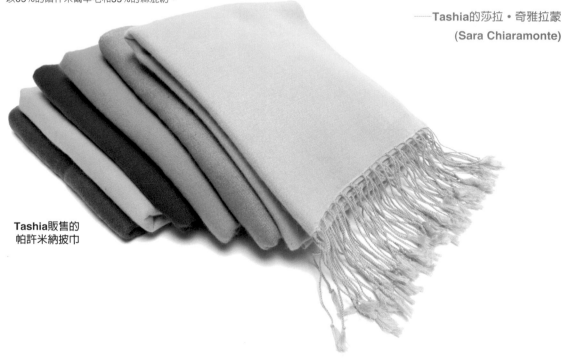

Tashia販售的
帕許米納披巾

女性牛仔褲

Earnest Cut & Sew

哪裡買？

821 Washington Street, New York, NY 10014．

電話：00 1 212 242 3414．

網站：www.earnestsewn.com．

Selfridges，400 Oxford Street, London, W1及其分店．

電話：00 44 8708 377 377

多少錢？

150英鎊／264美金／220歐元起

牛仔褲有什麼魅力？它既簡單卻又誘人；它可以是一種日常服飾，但也可以站上奢華時尚的最前線；你可以穿去上班，但只要改換一下皮包、鞋子、首飾等配件，便能穿去雞尾酒吧。事實上，牛仔褲如今的魅力已強大到就算花150英鎊(量身訂做則要400英鎊)買條牛仔褲，也不稀奇了。但哪種牛仔褲最令人渴望擁有？別忘了，買牛仔褲跟買香水和比基尼一樣，是非常個人的──不同品牌和款式適合不同的人，關鍵就在於親自試穿。不過，還是有一些牛仔褲保證能滿足所有需求。那些品牌和款式無論在品質、合身度、和洗滌的便利度上，都遠勝其他牛仔褲。

幾年前，以紐約為根據地的史考特•莫理森(Scott Morrison)，即Paper Denim & Cloth服飾公司的共同創辦人和前任設計師，著手嘗試創立一個全球最好的牛仔褲品牌，其成果便是Earnest Cut & Sew。他將日本古典風的侘寂美學[5]融入當初原是美國工人服裝的牛仔褲中，不僅布料品質絕佳，剪裁也非常精巧。如果性感誘人的窄版牛仔褲不合你的意，也可到它們在紐約的專賣店和Barneys百貨公司專櫃，以及位於倫敦Selfridges百貨公司的專櫃，量身訂做屬於自己的牛仔褲。你可自行決定要什麼樣的剪裁、釦子樣式、鉚釘、縫線顏色和後口袋。相信你到處尋覓完美牛仔褲的煩惱，就可從此終結。

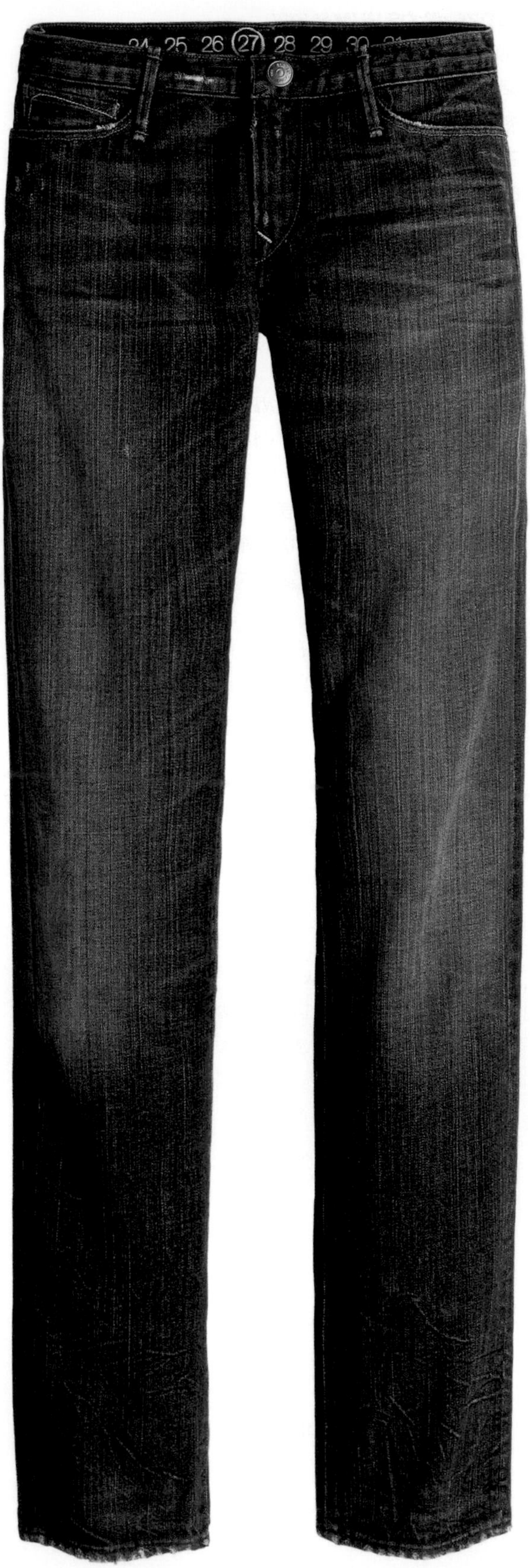

Earnest Sewn的Harlan款式

5.Wabi Sabi，是一種對寂寥美感的藝術追求，強調本質與幽靜素樸之美。

男襯衫

Charvet

哪裡買？
28 Place Vendôme, 75001, Paris,
France · 電話：00 33 1 42 60 30 70
多少錢？
訂做襯衫約110英鎊 / 200美金 /
163歐元起

Charvet的精棉襯衫

Charvet位於巴黎凡登廣場(Place Vendôme)一棟7層樓的華麗建築裡；這個品牌是襯衫愛好者公認的頂級精品。它除了以集全球最多的襯衫質料和色調供顧客選擇而聞名之外，還有多達4百種不同色調的白，以及至少2百種不同的藍色。它的剪裁縫工更是無可匹敵。Charvet襯衫工整的下擺、俐落的領子、雅致的袖口，和堅固的鈕釦，無論搭配訂製西裝外套，還是穿在V領羔羊毛衣下，都一樣精緻美觀。

TURNBULL & ASSER
哪裡買？ 71 & 72 Jermyn Street,
London, SW1 ·
電話：00 44 207 808 3000 ·
網站：www.turnbullandasser.com
多少錢？ 140英鎊 / 225美金 /
208歐元起，首次訂購須6件以上。

這個知名的英國品牌創立於1885年，提供你在英國境內所能找到最頂級的襯衫，無論首相還是王子，都是它的愛用者（據說阿曼蘇丹在20分鐘內便訂了240件）。它有1千種不同質料可供選擇，從純白毛葛布到薄紗料、刷毛棉到絲料，一應俱全。但讓它從其他競爭者當中脫穎而出的特點是典雅的寬角領、3個鈕釦的筒形袖口設計、白色內襯，以及牛角釦。

SIMONE ABBARCHI
哪裡買？ Borgo Santissimi Apostoli，16 Borgo Santissimi, Florence, Italy · 電話：00 39 055 210 552
多少錢？ 55英鎊 / 101美金 / 122歐元起
它的義大利裁縫師每年製作3千件襯衫，從倫敦到洛杉磯都有一群忠實顧客。他們會先跟顧客進行25分鐘的諮詢，其中包括量身以及樣品展示。所有襯衫都僅以義大利生產的棉布、麻料和絲布縫製。

絲質商品

Jim Thompson Thai Silk Company

哪裡買？

9 Surewong Road, Bangkok, Thailand · 電話：00 66 26 32 8100 · 網址：www.jimthompson.com

多少錢？

每公尺85英鎊 / 150美金 / 124歐元起

在北京的秀水市場和印度的瓦拉納西，都有無數種絲布供人選購，不過其中許多都摻了金線；若你對絲布的要求更為講究，那麼最佳去處莫非於泰國。泰絲或許摸起來較不平滑，也比中國或印度生產的絲布來得厚重，但它的品質卻是無出其右，這得歸功於泰國擁有最適合種植桑樹（桑葉是蠶的食物）的土壤，而製絲者也花了較長的時間煮繭。

美國人吉姆・湯普森(Jim Thompson)的名字和其店鋪，同是泰絲傳奇的一部分。在店內，一卷卷的絲布依照顏色和色調深淺陳列，以碼為單位販售。若想購買裁製好的成品，這裡也有坐墊、床單，以及散發出暖柔如燭光的絲質燈罩桌燈，和一系列洋裝、襯衫、領帶。若你想擁有量身訂做的絲質服裝，不妨在這裡買好絲布，曼谷市內就有數百家裁縫店可為你提供服務。

Jim Thompson最近已重新改裝，華美的全新裝潢是由當紅的倫敦設計師鄔・巴荷利歐丁(Ou Baholyodhin)打造的。巴荷利歐丁也設計了一系列粉色調的柔軟皮件，以及絲墊、拼縫品和家具。巴荷利歐丁的作品經常登上全球知名的設計雜誌，在倫敦的卻爾西港設計中心(Chelsea Harbour Design Centre)以及巴黎的家具展(Maison et Objet)也買得到他一小部分的設計作品。由此可倒也可看出Jim Thompson在設計界的名聲愈漸看漲。

若你看過店內的所有商品後，仍有意猶未盡之感，頂樓還有一整層的各式泰國古董精品，從精雕細琢的小木盒，到華麗得足以匹配皇宮寢室的五斗櫃。Jim Thompson也跨足酒吧經營，在曼谷開了數家時尚酒吧，進一步推廣豐富精緻的泰式生活風格。若你屬於精打細算的買家，也不妨到位於Sukhumvit Soi 93號的Jim Thompson暢貨中心撿便宜。

Jim Thompson的Kaleidoscope系列

Jim Thompson的Sathorn系列

Jim Thompson的Venus系列新斜紋絲料

Jim Thompson的Paradise系列

OCKPOPTOK

哪裡買？ 網站：www.ockpoptok.com

多少錢？ 5英鎊／8.90美金／7.40歐元起

此字的意思為「東方與西方相遇」；這個品牌是倫敦時裝攝影師喬·史密斯(Jo Smith)以及住在寮國龍坡邦的薇歐·杜昂達拉(Veo Duangdala)於2000年創立的。龍坡邦為寮國的紡織重鎮，據說當地出產的絲品質特別好。而OckPopTok只使用最頂級的絲以及最好的天然染料，染出的顏色鮮豔豐潤，並雇用當地織工製作出精美的服飾、絲簾，和坐墊，難怪連當紅歌手凱莉·米洛(Kylie Minogue)和米克·傑格都是他們的顧客。

SABBIA ROSA

哪裡買？ 71-73 Rue des Saints-Pères, 75006, Paris, France · 電話：00 33 1 45 48 88 37

多少錢？ 便袍每件539英鎊／946美金／300歐元起

巴黎的聖父路(Rue des Saints-Pères)散佈著好幾家販售輕薄精緻襯衣的小店，其中最好的是Sabbia Rosa。你在這裡可找到頂級的絲質便袍，花樣和顏色琳瑯滿目，尤其適合蜜月時穿著。忠實顧客包括葛妮絲·派特羅、前名模艾兒·麥佛森(Elle MacPherson)和瑪丹娜。

領帶

Hermès

哪裡買？
全球各地愛馬仕精品店‧網站：www.hermes.com
多少錢？
70英鎊／128美金／104歐元起

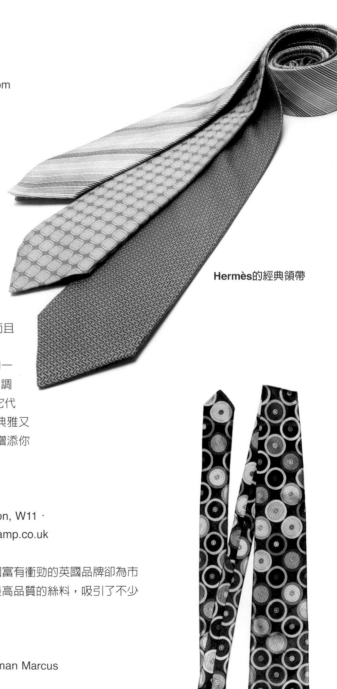

領帶真是奇怪的發明，似乎可有可無。
不過，它真的沒有用處嗎？事實上，
若少了這樣小東西，襯衫看起來便會有些呆板
單調。領帶是襯衫的重要拍檔，因此它絕對要
跟襯衫的顏色和圖樣搭配，而襯衫領口的位置
（不可太低或太高）、還有領帶打結的方式
（不可領結太大或太小），以及領帶尾端位置
的高低，都很重要。接著則是領帶的質料：
它的質感要順，不可太鬆垮，也不可太僵硬，而且
是以有點重量的高品質絲料縫製。

經典的Hermès領帶就跟這個品牌的女用絲巾一
樣，精緻、傳統、品質絕佳。放在領帶背面低調
的綠橘兩色Hermès商標，可是具有深意的──它代
表了高昂的價格、精緻品味與財富。它的設計典雅又
蘊含新意，當你跟重要人士開會時，它絕對能增添你
的份量。

Hermès的經典領帶

DUCHAMP
哪裡買？ 75 Ledbury Road, Notting Hill, London, W11‧
電話：00 44 207 243 3970‧網站：www.duchamp.co.uk
多少錢？ 65英鎊／118美金／97歐元
在領帶品牌中，它雖然算是較新出現者，但這個富有衝勁的英國品牌卻為市
場注入了活力。它的設計活潑、鮮明，質材為最高品質的絲料，吸引了不少
忠實的愛用者。

EMILIO PUCCI
哪裡買？ 全球各地百貨公司，包括Liberty和Neiman Marcus
網站：www.pucci.com
多少錢？ 80英鎊／178美金／118歐元起
這個活躍的義大利品牌，至今仍設計出不少以其特有的渦旋狀圖案為主的領
帶。大膽、鮮明和華美，是它一貫的獨特風格。不妨上eBay網站搜尋Emilio
Pucci 1960年代的領帶，不僅經典，而且相當值得收藏。

**Duchamp的
圓形圖案領帶**

T恤

簡 單的白T恤或許是全世界最多人穿著的衣服形式；所以你可能會認為，要找一件適合多種場合、實穿又舒適的好T恤，應該很簡單──但事實並非如此。

對女性而言，它要能蓋住上腹部，下擺剛好至牛仔褲頭，合身到能顯出胸部曲線，但又不至於緊貼到讓你活像是濕T恤大賽的參賽者。袖子也很重要，它們不應太方太長，否則會讓你看起來像從1980年代流行樂團跑出來的人物，它們也不該是半短袖，因為這樣根本不算是T恤。

對男性而言，T恤則不可太鬆垮，也不可太緊貼。最理想的的是能隱約顯現布料下肌肉的起伏，其他的留給想像就好。

American Apparel
全色系的T恤

男性T恤

Zimmerli of Switzerland

哪裡買？
網站：www.zimmerlitextil.ch
多少錢？
50英鎊 / 88美金 / 71歐元起

它 是原本擔任縫紉教師的寶·琳齊默利鮑爾林(Pauline Zimmerli-Bauerlin)於1871年創立的；這個精緻的瑞士內衣品牌，是目前市面上最奢華的T恤之一，顧客包括查爾斯王子、影星湯姆·克魯斯、時裝設計師卡爾·拉格斐等。它的品質之所以這麼好，是因為布料的製造方式與眾不同。它的布料是使用專為此品牌生產、以機器織製的多股長紗線，並經過兩道絲光處理（一種以聚酯纖維包覆棉線、並用氫氧化鈉處理以增加韌度和光澤的手續）。這品牌最頂級的白T恤屬於以100%絲光棉製造的「Richelieu」系列，剪裁美觀，柔軟而有韌度，奢華卻又很實穿。

Zimmerli of Switzerland
的絲光棉T恤

AMERICAN APPAREL

哪裡買？美國、英國、法國、加拿大、墨西哥，和日本等全球各地經銷商店‧網站：www.americanapparelstore.net

多少錢？10英鎊／18美金／15歐元起

這個酷炫的美國品牌製造品質頗佳的傳統平針織短袖T恤。它在2001年推出的T恤比過去更為貼身，質料柔軟。最棒的是，這個品牌持堅決反對血汗工廠[7]。對有道德意識的消費者來說，是不錯的選擇。

HANES

哪裡買？全球各地百貨公司 電話：00 1 800 254 1545 網站：www.hanes.com

多少錢？5英鎊／8美金／6.50歐元起

顧客包括馬龍‧白蘭度(Marlon Brando)等；這個傳統的美國T恤品牌所生產的「Beefy T」短袖白色恤衫，使用百分之百環個紡粗棉線布料，以高密度針織和雙針車縫製作。

女性T恤

C&C California

哪裡買？

幾間特定百貨公司，包括Barneys、 Bergdorf Goodman、 Saks、Harvey Nichols和Selfridges ‧

網站：www.candccalifornia.com

多少錢？

42英鎊／75美金／61歐元起

這個相對來說較新的品牌，是以洛杉磯為根據地的設計師雙人組崔揚‧班尼狄克(Cheyann Benedict)與克萊兒‧史丹菲爾(Claire Stansfield)在2003年創立的。他們的目標是設計出史上最好的T恤，而他們做到了。20種款式當中的每一件T恤，都是使用了極佳的精梳棉，所以穿著它活動、伸展，都很舒適自在，有型有款。現在共有超過50種顏色可供選擇，而且隨時都會推出新顏色。

C & C 中最完美的白T恤是「Classic Tee」系列，有較寬且線條漂亮的領口，而且長度恰到好處，搭配低腰牛仔褲也很好看。質料輕而舒適，可以單穿或搭在其他服裝內，是非常實穿的必備單品。

C&C California的「**Classic Tee**」白T恤

7.swearshop，指以極低工資雇用工人在惡劣工作環境下長時間勞動的工廠。

C&C California色調鮮活的T恤系列

PETIT BATEAU
哪裡買？歐洲、日本、巴西、美國等地140家
分店・網站：www.petit-bateau.com
多少錢？14英鎊／30美金／24歐元起
是法國傳統童裝品牌，創立於1893年，它的短袖
圓領T恤簡單平實，棉布稍厚，剪裁傳統而有質感。

GAP
哪裡買？全球各地分店　網站：www.gap.com
多少錢？10英鎊／10美金／8歐元起
Gap在1969年創立時，便推出了「Favourite
T-shirt」系列，由於它傳統的剪裁、恰到好
處的袖子設計，和堅韌持久的白色厚棉質
料，至今依然是暢銷商品。

簡單的Petit
Bateau T恤

Gap的
「Favourite
T-shirt」系列
T恤

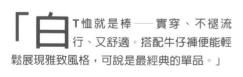

「白T恤就是棒──實穿、不褪流
行、又舒適。搭配牛仔褲便能輕
鬆展現雅致風格，可說是最經典的單品。」

──造型師，貝伊・嘉納(Bay Garnett)

婚紗

Vera Wang

哪裡買？

Vera Wang Bridal House，991 Madison Avenue, New York, NY 10021．
電話：00 1 212 628 3400．網站：www.verawang.com

多少錢？

1600英鎊／2900美金／2411歐元起

Vera Wang
婚紗

打從1990年代起，Vera Wang便是聲名卓著的婚紗品牌。設計師王薇拉所設計的婚紗風格獨具，線條簡潔不繁複，但又華貴高雅得令人捨不得移開目光。王薇拉看待通往教堂祭壇的婚禮走道，就跟其他服裝設計師看待星光大道的態度一樣，因此她也成為許多一線女星心目中的婚紗首選──不妨回想一下影星鄔瑪・舒曼(Uma Thurman)、莎朗・史東(Sharon Stone)、以及偶像歌手潔西卡・辛普森(Jessica Simpson)在婚禮上所穿的婚紗。王薇拉可說輕而易舉地擊敗了其他傳統婚紗製造者。

當初王薇拉因為在結婚前遍尋不著適合自己的婚紗，於是決定投入這個市場。1990年，她的第一家婚紗店在富麗堂皇的紐約上城卡萊爾飯店(Carlyle Hotel)開張後，她的婚紗設計系列立刻便造成轟動。許多準新娘湧進店內，對那些昂貴的質料和細緻的手縫珠繡等精工細部處理心醉神迷。最重要的是，她們愛極了王薇拉所呈現的摩登新娘形象──一個很可能比過去年代的女人晚婚的職業婦女，正在尋找風格更精緻成熟的婚紗。

王薇拉仍保留在卡萊爾飯店的展示間，而那裡也被公認是最好的新娘沙龍。由於模仿她設計風格的人眾多，因此她的婚紗現在附有真品保證書。王薇拉也跨足一般時裝、香水和眼鏡架的設計，但她的名聲永遠會跟婚紗連在一起。她在曼哈頓的樣品拍賣會至今依然是一椿傳奇──據說許多準新娘們遠從世界各地趕來，在賣場中不顧形象地瘋狂爭搶沈重的打折婚紗，而那些禮服當中很多都是僅此一件。

STEWART PARVIN

哪裡買？14 Motcomb Street, London, SW1．電話：00 44 207 235 1125．網站：www.stewartparvin.com

多少錢？副牌婚紗每件2000英鎊／3500美金／2900歐元起，訂做婚紗每件8000英鎊／14000美金／11700歐元起

身為英國女王最愛的設計師之一，史都華・帕文(Stewart Parvin)當然能讓他的富豪名流顧客們獲得品質一流，且永不褪流行的婚紗。他的設計風格鮮明、線條俐落，可量身訂做，也有現成的副牌婚紗可選。帕文保證能提供顧客有如高級訂做服的婚紗，即使是現成的。

MONIQUE L'HUILLIER

哪裡買？網站：www.moniquelhuillier.com

多少錢？約4000英鎊／7000美金／5900歐元

從1996年創立個人品牌以來，莫妮卡・余黎埃(Monique L'Huillier)的婚紗系列越來越炙手可熱。她浪漫、夢幻、加上些許低調性感的婚紗，其中許多都附有一條絲質的長飾帶，為新娘禮服增添了一絲活潑喜氣的色彩。

飲食
food & drink

「飲食不僅是一種物質上的享受；它也能
帶給人們極大的生活樂趣，為人與人
之間營造友好愉快的氣氛，這對精神
生活也無比重要。」

——時裝設計師，艾爾莎·夏帕瑞麗
(*Elsa Schiaparelli*，*1890~1973*)

葡萄紅醋

Giuseppe Giusti Aceto Balsamico Tradizionale

Giuseppe
Giusti
葡萄紅醋

哪裡買？

Viale Trento Trieste, 25-41100 Modena, Italy · 電話：00 39 05 92 10 712 ·
網站：www.giusti1605.com

全球各大高級美食網站：www.deandeluca.com · www.clubsauce.com

多少錢？

從一般到高級品的價格為11英鎊 / 20美金 / 16歐元至100英鎊 / 176美金 / 145歐元

這點在今日聽來似乎頗不可思議：葡萄紅醋直到1960年代才公開在市面上販售。在此之前，這種「黑色黃金」的存在，向來是一個僅有少數人知曉的祕密，唯有幸運認識某個真正葡萄紅醋釀製者的義大利主婦才買得到。如今，在世界各地的超級市場都可買到，只不過其中大多數都不是真正的葡萄紅醋，而是摻了紅酒醋、焦糖和色素的調味醋，味道比純正的葡萄紅醋澀。葡萄紅醋的成分理應只有葡萄。

好的葡萄紅醋應該跟糖漿的顏色一樣深，而且幾乎一樣稠，嘗起來酸甜度平衡。通常，越陳的醋越好；你可留意瓶標上是否有兩個關鍵字，一是「tradizionale」，代表這瓶醋至少陳放了12年；二是「D.O.C」，代表這瓶醋來自受監控的原產地。你也須檢視產地標示；真正的葡萄紅醋理應只產自義大利的蒙田娜(Modena)，當地有嚴格的製醋法規，有點類似法國葡萄酒的法定產區制度。瓶塞上的蠟封以不同顏色區分醋的陳放年數：紅與白色蠟封為至少12年的陳年醋，銀色蠟封為至少18年，金色蠟封則為25年以上。特陳且品質相對極佳的陳年醋，會使用特殊的粗短瓶和瓶架。

你真的不可錯過蒙田娜出產的陳年葡萄紅醋。當地最古老的製造商之一是創於17世紀初期的家族企業Giusti。他們的所有產品都值得推薦，其中陳放40年的葡萄紅醋對老饕來說，尤其是最棒的禮物。有人形容Giusti葡萄紅醋的味道「甜美、溫暖、木香中帶有酸的餘味。」你可至這個家族企業位於蒙田娜的專賣店購買；著名的義大利歌劇作家威爾第(Verdi)也曾是那裡的常客。

LEONARDI ACETO BALSAMICO DI MODENA

哪裡買？高級異國美食店 · 網站：www.manicaretti.com www.limocello.co.uk

多少錢？約18英鎊 / 32美金 / 26歐元起

由創立於1871年的家族企業Giovanni Leonardi釀造；是另一個絕佳的選擇。

CAVALLI 'CONDIMENTI BALSAMIC'

哪裡買？Acetaia Ferdinando Cavalli，6/ab Via del Cristo, Fellegaro di Scadiano, Italy · 電話：00 39 05 22 983 430 ·
網站：www.vendaravioli.com · www.cooksshophere.com · 高級異國美食店

多少錢？約9.70英鎊 / 17美金 / 14歐元

它不算是真正的葡萄紅醋，但是你在市面上所能找到最好的平價調味醋。位於義大利史嘉狄亞諾的Cavalli，使用舊木桶釀醋，以增添風味，有些木桶甚至是18世紀製造的。不少大廚常用這種醋醃泡食材，或當成沙拉的調味料。

魚子醬

Almas Caviar

哪裡買？

可透過各種途徑購買，包括倫敦的The Cavier House ，161 Piccadilly, London, W1．電話：00 44 207 409 0445．
網站：www.caviarhouse.com

多少錢？

每100公克（3.5盎司）
約350英鎊／616美金／500歐元

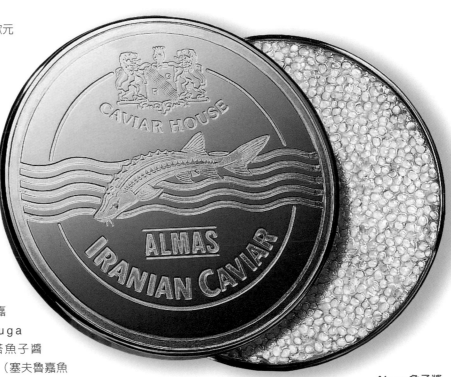

Almas魚子醬

自從美國政府明令禁止進口貝魯嘉鱘魚(beluga)產品後，魚子醬買賣目前正處於爭議狀態。背後的因素是貝魯嘉鱘魚的數量銳減。近幾年由於過度捕撈、偷獵和環境污染，使得牠們的數量減少了90%。而魚子醬的來源，是27種鱘魚當中幾種的卵，而供應全世界主要需求的僅有3種：貝魯嘉鱘魚（貝魯嘉魚子醬beluga caviar）、俄國鱘（歐斯塔魚子醬osetra caviar）以及閃光鱘（塞夫魯嘉魚子醬sevruga caviar）。

最昂貴的魚子醬也最稀有。顏色極淡、近乎白色的Almas魚子醬，來源是極罕見的「白子」鱘魚(albino sturgeon)。Almas魚子醬的口感幾乎如奶油般柔潤順滑，而倫敦皮卡迪里的魚子醬專賣店Caviar House所販賣的是K金盒裝，不過他們的顧客等待名單已經排到18個月後。事實上，以前在伊朗，向來只有國王才有權享用這種魚子醬；其他人若被發現擅自食用，可是會被砍掉右手的。

由於魚子本身細緻的特質，因此絕對不能接觸除了金以外的任何金屬；最好是使用珍珠母湯匙這種傳統的魚子醬食具，不過木製或塑膠湯匙也可以。每人食用量約14至28公克（0.5至1盎司）便足夠了。魚子醬最好搭配俄式薄煎餅和酸奶油一起食用。老饕則建議魚子醬和酸奶油分開吃，將兩者各擺在俄式薄煎餅上食用，以體驗對比的美味，並佐以一杯香檳或一份伏特加。

「**A**lmas魚子醬是我的最愛；它是絕佳的開胃菜。事實上，我在為俄國總統普丁和英國首相布萊爾準備的國宴便曾用到它。」

──英國名廚，高登．蘭姆西(Gordon Ramsay)

BELUGA

哪裡買？可透過各種途徑購買，網站：www.imperialcaviar.co.uk

多少錢？每100公克（3.5盎司）約160英鎊／282美金／232歐元

貝魯嘉魚子醬是另一個不錯的選擇，雖然它畢竟不是Almas，口感也沒有那麼柔潤，不過也相當滑順，而且它的顏色是深灰色。

TSAR NICOULAI, CALIFORNIAN ESTATE OSETRA

哪裡買？網站：www.tsarnicoulai.com

多少錢？28公克裝（1盎司）30英鎊／53美金／44歐元起

當人們發現加州河川也有鱘魚，美國的魚子醬產業便立刻加緊運作。對美國人來說，這是避開政府禁止鱘魚進口法令的絕佳方式。歐斯塔鱘的卵比貝魯嘉鱘卵大，呈棕色，且帶有獨特的核果味。

Caviar House的特選魚子醬

香檳

Louis Roederer Brut Premier

哪裡買?
網站:www.bbr.com.www.oddbins.com,各高級酒類經銷商
多少錢?
約27英鎊 / 47美金 / 40歐元

路易王妃
**Brut
Premier**
香檳

以 經營與其同名之香檳酒廠而留名於世的莉莉．波靈格(Lily Bollinger)曾說:「快樂時我喝香檳,傷心時我也喝香檳⋯⋯除非口渴,否則我絕不碰它。」我們似乎也是她此一名言的追隨者。現今,飲用香檳的人比過去增加許多,尤其是女性,她們開瓶飲用香檳的次數比男性幾乎多了13倍,使得這種酒類不再僅限於特殊場合享用。

所以,我們該選哪一種香檳?絕大多數的酒評家都將路易王妃(Louis Roederer)列為無年份香檳的首選——它不僅常在盲品會(blind tasting)上被評選為最佳品,也是專家推薦最適合用來慶祝進入新世紀的香檳酒。品酒家讚賞它細緻完美的氣泡、清妙的口感、柔滑圓潤的餘味,還有它的香氣——混合了烤奶蛋捲和蜂蜜香(許多好香檳都有獨特的脆餅香),以及漿果味——後者是因為釀製原料使用了大量黑皮諾葡萄,黑皮諾和夏多內葡萄的比例約為2:1。大多數無年份香檳都是用不鏽鋼或玻璃槽陳放,但Louis Roederer卻罕見地使用橡木桶;而這家酒廠還有另一支更豪奢稀有的產品,水晶(Cristal)香檳。水晶香檳若不是因為價錢貴得驚人,它的確應該是最佳選擇,而且也不會讓人有太過暴發戶的印象——酒廠倒是很清楚該怎麼為它打造形象。另一方面,路易王妃的頂級干味型(Brut Premier)則比較典雅,價格也沒那麼貴。

該怎麼做才能品嘗到香檳的醇美?最好將香檳置於攝氏7度 / 華氏45度的環境下冰過(溫度過高會影響到它的氣泡和味道),並使用能保留氣泡的笛形酒杯。香檳適合搭配魚子醬、牡蠣,或煙燻鮭魚,搭配蘆筍也能產生絕佳的互補風味。不過最棒最棒的方式是不搭配任何食物,單單品嘗它。

水晶香檳

CRISTAL

哪裡買?網站:www.bbr.com,所有高級酒類經銷商
多少錢?約125英鎊 / 225美金 / 183歐元
據說吹牛老爹[1]曾在倫敦某家俱樂部為水晶香檳(Cristal)大肆揮霍了12萬英鎊(21萬6千美金)——只要看到它單支的價錢,就不難想像了。它是令講究的香檳嗜飲者迷醉的香檳酒。

1.P.Diddy,美國名歌星、演員、唱片發行商。

KRUG GRAND CUVØ

哪裡買？網站：www.bbr.com，所有高級酒類經銷商

多少錢？90英鎊／157美金／130歐元起

Krug這家香檳酒廠從1843年創立至今，從不生產僅達入門等級的香檳。他們宣稱：「別人的頂點才是我們的起點。」Krug的口感也很獨特，微干中帶點乾果味、烤奶蛋捲、玫瑰和紫羅蘭香，這種獨特的花香據說是在橡木桶中陳放的結果。

Krug
頂級香檳

你懂得香檳嗎？

解讀香檳酒標，可能是個令人頭痛的經驗，尤其當它是法文、而且所謂「極干」(extra dry)其實並沒有像「Brut」(意思為「干」)那麼干的時候。真令人困惑。以下是幾個關鍵字彙的簡單介紹：

- **Blanc de blanc**：白中白，即只用淡色果皮的葡萄——通常是夏多內——所釀製的香檳；是典型的開胃用香檳。
- **Blanc de Noir**：黑中白，即只用深色果皮的葡萄——通常是黑皮諾——所釀製的香檳，與食物搭配尤佳。
- **Brut**：干。
- **Brut nature**：極干。
- **Cuv☐e**：混合酒。
- **Cru**：字面上的意思為「生長」；也指在法國香檳區生產特級酒的酒莊。
- **Extra dry**：不像brut那麼干；稍帶甜。
- **Grand cru**：指香檳區內被列為最高等級的葡萄園、並因此生產最上等酒的酒莊——共有17個獲列此等級。
- **Grande marque**：指最大且最有名的香檳釀製廠。
- **Mise en cave**（後接日期）：指酒放入酒窖儲存的日期。
- **Non-vintage(NV)**：無年份香檳；以大部分同年的，加上較陳年的基酒混合所釀製的香檳，是最普遍的香檳種類。
- **Premier cru**：一等葡萄園，即在香檳區內被列為第二高等級的葡萄園。
- **Prestige cuv☐e**：香檳廠所出產最昂貴的香檳，有些是年份香檳，有些則是無年份香檳。
- **R☐coltant-manipulant(RM)**：獨立的葡萄栽植兼釀酒者，所以沒有大品牌。
- **Vintage**：年份香檳，以同一年——通常是葡萄狀況特別好的年份——所收成的葡萄釀製的香檳，1990年和1996年被公認是最好的兩個年份。

巧克力

L'Artisan du Chocolat

哪裡買？

89 Lower Sloane Street, London, SW1 · 電話：00 44 207 824 8365 ·
網站：www.artisanduchocolat.com

多少錢？

香蕉百里香巧克力12粒為7.50英鎊 / 14美金 / 10.50歐元

L'Artisan du Chocolat的巧克力

米其林星級大廚高登•蘭姆西(Gordon Ramsay)形容
L'Artisan du Chocolat是「巧克力中的賓利」[2]，
而被《餐廳》(Restraurant)雜誌列為「2005
年全球最佳餐廳」的肥鴨(Fat Duck)餐廳
老闆布魯曼梭(Ditto Heston Blumenthal)表
示，他的餐廳只用L'Artisan du Chocolat的
巧克力。傳統上，全球最佳的巧克力品牌
過去都集中在比利時、瑞士、和法國，因此
這些讚譽對一家英國本土、尤其歷史又如此短
(1999年才開業)的巧克力店而言，實屬難得。這
家店的共同創立者傑洛•柯曼(Gerard Coleman)頗具
企圖心，他的目標是讓L'Artisan du Chocolat成為全球最
佳的巧克力店，對品質的要求絕不打折，因此這家店短
期內尚無擴張的計畫。的確，每塊巧克力的製造和每家巧
克力店經營的背後，都有一個自認是完美主義者的推手；就像別
具創意的布魯曼梭，便以運用少人使用的食材而知名，例如芝麻、青蘋果、小荳蔻、和煙草等。香蕉百里香巧克力是
L'Artisan du Chocolat的熱賣品；它以一層薄薄的香濃巧克力
包裹兩種非常不同、卻又達到奇妙味覺平衡的口味。
柯曼認為他的成功部分是歸因於英國大眾勇於
嘗試新東西。「他們比法國人、比利時人，或
德國人來得心胸開放、勇於嘗試。雖然那三國
的人民擁有較細緻的品味，但絕不會允許你開始
把小荳蔻之類的東西加進他們的巧克力裡。」
柯曼表示。當年，受過廚師訓練的他發
現，英國竟找不到頂級的巧克力店，於是
決定先進入廣受推崇的比利時巧克力公司
皮爾瑪康里尼(Pierre Marcolini)工作，之後
才自行創業開店。他的L'Artisan du Chocolat
所販賣的每塊巧克力都是現做的，一旦買回家，
須立刻儲存在攝氏15度 / 華氏59度的環境中，而且
必須在兩星期內吃完。

L'Artisan du Chocolat的巧克力

2.Bentley，以手工打造的英國頂級名車。

此外，大多數巧克力店都只用一種可可豆，但柯曼卻使用多種不同豆子，搭配以上選原料製成的不同口味夾心，形成互補的獨特風味。柯曼也極重視口味；無論是香脆的杏仁糖口味，還是柔滑的漿果內餡，都是製作完美巧克力的另一個關鍵要素。

PIERRE MARCOLINI

哪裡買？網站：www.marcolini.be

多少錢？柑橘百里香巧克力糖3粒為3英鎊 / 9美金 / 7歐元

這家於1990年開業的比利時巧克力店是少數仍自己加工處理可可豆的巧克力店之一──根據比利時法規，只有從原料到成品全程自行處理加工的的製造者才能冠以「巧克力店」(chocolatier)之名。它目前在倫敦和東京都有分店；熱賣品包括乾果巧克力糖，而柑橘與百里香的組合尤其受歡迎。

LA MAISON DU CHOCOLAT

哪裡買？網站：www.lamaisonduchocolat.com

多少錢？酒神松露巧克力每粒70便士 / 1美金 / 1歐元起

在巴黎的La Maison du Chocolat任職的羅伯・林克斯(Robert Linxe)，在業界被譽為「創造者」以及巧克力業中的創和巧克力做成的法國傳統甜品，相當著迷。他也自承，藍姆酒加葡萄內餡的酒神松露巧克力是他個人的最愛。而酒神松露巧克力所用的每一顆葡萄，都經過去蒂和燒炙處理，再用藍姆酒蒸漬。

La Maison du Chocolat巧克力店

波爾多紅酒

Château teau Mouton Rothschild, 1945

哪裡買？

Nickolis & Perks · 網站：www.nickolisandperks.co.uk

Wine Bid · 網站：www.winebid.com

Aficionado Cellars · 網站：www.aficionadocellars.com

Fine & Rare Wine · 網站：www.frw.co.uk

Berry Bros. & Rudd · 網站：www.bbr.com

多少錢？

頂級者為3000英鎊／4500美金／3950歐元，
其他年份者約80英鎊／141美金／118歐元起

你可知道一瓶標價4英鎊（7美金）的葡萄酒，通常實際價值只有約60便士（1美金）？這證明了——若需要證明的話——想喝葡萄酒，就是得多花點錢。但多花多少？就波爾多紅酒而言，尤其是有年份的波爾多紅酒，價格輕易就可達上千英鎊。不過首先有幾點須澄清：所謂的波爾多紅酒，是指法國波爾多地區所產的干型紅酒，顏色深，具有果香且微帶甘草味。陳熟時風味最佳——淺齡通常不是飲用狀況最好的時候。波爾多年份紅酒的酒標上標示的年份，是指其所使用的葡萄，在採收的那年正值完美的成熟度。即使跟一般對好年份的說法不同，但事實上，自二次大戰後，只有3個絕佳的波爾多紅酒年份，即1945、1961，和1982年。當然，要比較出哪些是真正的好年份，也得經過幾年的時間。所以若要買波爾多紅酒，大膽嘗試總是值得的。

如今，對昂貴的波爾多紅酒有興趣的人比過去來得多了，部分得歸功於極具影響力的酒評家羅伯·派克(Robert Parker)和他的「100分」評分系統，另外還加上中國大陸和俄國經濟與消費力的迅速成長。傳統的優質酒莊依然是大部分人注意的焦點，例如Château Lafite Rothschild、Château Latour或Château d'Yquem等；選購波爾多紅酒時，不妨考慮這些酒莊的產品。

但哪支酒才是最好的？答案當然是完全主觀的；某人或許認為Château Latour最好，但其他人可能覺得不怎麼樣。不過最近，廣受推崇的品酒雜誌《醒酒器》(Decanter)推薦了1945年份的Château Mouton Rothschild，雜誌的酒評家之一宣稱它是每個人「在一生結束前絕對要品嘗到的紅酒」。雜誌還形容它是「言語無法形容的醇厚……無疑是20世紀最棒的波爾多紅酒」。

對一個在1973年僅正式列入「一等葡萄園」（除特等葡萄園之外的最高等級）的酒莊來說，如此評價算是相當不錯了。這個位於拉菲特(Lafite)對面的酒莊，從1720年代起便開始種植葡萄。Mouton Rothschild葡萄園的風土條件，即土壤，是深厚的礫土層以及由黏土和石灰岩組成的下層土。

Château
Mouton
Rothschild
波爾多紅酒

他們的紅酒是使用85%的卡本內蘇維濃(cabernet sauvignon)、10%的卡本內弗朗(cabernet franc)，以及5%的梅洛(merlot)葡萄釀製而成。紅酒迷不妨前往一探究竟，參觀酒莊、欣賞莊內陳列的畢卡索真跡。只不過它儲藏3萬5千瓶未開封紅酒（有些甚至是1859年份的紅酒）的酒窖，可是不准外人入內的禁區。

此外，對較便宜的波爾多紅酒、基本上也對所有紅酒而言，飲用前最好先倒入一個玻璃容器中醒酒。如此不僅可讓酒液與空氣接觸，甚至能讓等級最普通的紅酒嘗起來有如身價上萬美金的高價酒。而使用陶製容器讓白酒的酒液溫度變得較低，也能達到類似的效果。

Château
Cheval
Blanc
波爾多紅酒

CHÂTEAU PETRUS
哪裡買？Corney & Barrow・網站：www.corneyandbarrow.com
多少錢？約40英鎊／70美金／59歐元起
　　這支以梅洛葡萄為主的波爾多紅酒，已躋身頂級紅酒之列，部分是因為羅伯・派克(Robert Parker)對它特別偏愛。

CHÂTEAU CHEVAL BLANC
哪裡買？Berry Bros. & Rudd・網站：www.bbr.com
多少錢？約47英鎊／83美金／69歐元起
這支波爾多紅酒成名的原因非常與眾不同──它出現在著名的電影《尋找新方向》(Sideways)中。根據電影中的反面角色邁爾斯(Miles)所言，它是「唯一能誘惑女人的酒」。這支所使用的卡本內弗朗葡萄比例少見的高；通常光用這種葡萄並不足以釀出好酒，但Château Cheval Blanc卻是個例外。它的酒質豐美、滑潤，微帶松露和蘑菇味。和大多數波爾多紅酒不同的是，你可以在它相對上較淺齡時──即陳放7、8年後飲用，但最理想的是陳放20年左右。且不管邁爾斯對年份的看法；即使他宣稱1961年的最佳，但事實上最好的是1947年份。派克給了這個年份的Château Cheval Blanc紅酒滿分。

英國女王御用酒商BERRY BROS. & RUDD的賽門・巴瑞(SIMON BERRY)談波爾多紅酒

波爾多紅酒為何如此棒？
賽門・巴瑞：因為它獨一無二。即使種植卡本內蘇維濃葡萄的地區分佈世界各地，但在所有紅酒當中，依然沒有足以和波爾多紅酒媲美的對手。你或許花50英鎊（90美金）買一瓶紅酒，價格相當於一張足球賽門票目前的價錢，但卻是人生中少有的絕美感官體驗之一。

一杯完美的波爾多紅酒該是什麼滋味？
賽門・巴瑞：幾乎難以用言語形容；大致可說它具有果味、酸度、和醇厚度的非凡平衡，還有美妙的層次──即豐富的口感，並隨品味時間而漸次呈現。它的味道會存留在口中一段頗長的時間。即使你僅嘗過一點點，也能立刻認出這些特點。

可否推薦一些風味佳又不那麼昂貴的波爾多紅酒？
賽門・巴瑞：1990和1989年份者，現在正值風味頗佳的時候。許多1997年份的波爾多紅酒，價格也比較沒那麼昂貴。

是否能對初次買紅酒的人提供點建議？
賽門・巴瑞：找有信譽的葡萄酒商──你信得過、能引導你瞭解葡萄酒的酒商。還有記住，挑選葡萄酒完全關乎於個人喜好。重點的確只有一個：你自己覺得它好不好喝？

咖啡

Kopi Luwak

哪裡買？

Edible，23-25 Redchurch Street, London, E2．電話：00 44 207 239 1016

Selfridges，400 Oxford Street, London, W1 和其分店．電話：00 44 8708 377 377．網站：www.selfridges.co.uk．
www.tastesoftheworld.net

多少錢？

57公克（2盎司）一袋約24英鎊／42美金／35歐元

努瓦克咖啡

你應該像對待一瓶好酒般對待一杯好咖啡——要細細嗅聞、品嚐、鑑賞。據說咖啡是在1683年引進歐洲，因為當初入侵的土耳其大軍從維也納城門前匆促撤退時，留下了好幾袋咖啡，自此，它受大眾喜愛的程度便無可匹敵。1996年，義大利法庭甚至判決所有公務員依法擁有上午喝咖啡小休的權利。不過最令人驚訝的，或許是自1988年起，英國人的咖啡飲用量竟超越了茶。然而，何者才是最恰當的豆子混合比例，完全取決於個人喜好，不過最稀有、最昂貴、所以也最令人動心的，則是努瓦克咖啡豆(kopi luwak)。這種產自印尼的咖啡豆是以最罕見的方式製造：樹棲野生動物麝香貓在覓食時，會將整個咖啡果吃下肚，當咖啡果通過牠的消化系統，果肉會被消化，但咖啡豆會因其不易分解的質地而保持完整，並被一層如羊皮紙般的膜包覆著，隨排泄物排出來，之後再由當地工人採集，清除外膜後販售。

由於經過麝香貓消化液的「處理」，使得這種咖啡豆具有柔潤的風味，不少人形容它令人聯想到焦糖和巧克力，卻不帶任何苦澀味。英國主要的咖啡豆批發商Edible透露，他們的顧客包括了知名的英國前衛藝術家戴米‧安赫茲(Damian Hirst)等人。

JAMAICAN BLUE MOUNTAIN

哪裡買？The Tea and Coffee Plant，180 Portobello Road, London, W11．
電話：00 44 207 221 8137．網站：www.coffee.uk.com．www.tastesoftheworld.net
聲譽卓著的美食店和食品百貨

多少錢？每公斤（2磅3盎司）45英鎊／79美金／67歐元起

相對於努瓦克咖啡的獨一無二，藍山則是高價的代名詞。這是因為此種咖啡豆不易取得——它們生長在牙買加海拔2千1百公尺（6千8百90英尺）高的藍山上，因此具有甜美、醇厚的風味。就如紅酒一般，精品莊園(single estate)出產的品質最佳，但須注意，現在有很多仿冒的藍山豆。

美妝
Health & beauty

「看起來自然最好，但想要看起來自然，
反而得投注更多在化妝上。」

——時裝設計師，
卡文·克萊
(Calvin Klein, 1942~)

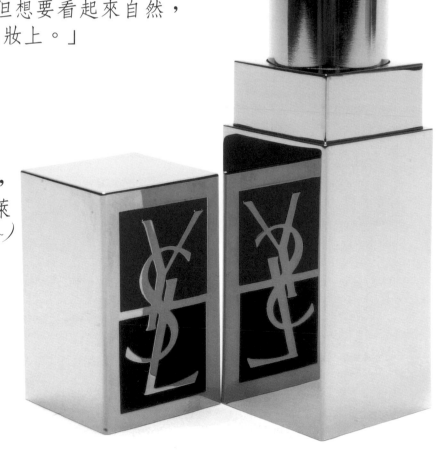

男用香水

Creed Green Irish Tweed

哪裡買？

38 Avenue Pierre 1er de Serbie, 75008, Paris, France · 電話：00 33 1 47 20 58 02 ·
網站：www.creedfragrances.co.uk

多少錢？

66英鎊 / 121美金 / 97歐元

Green Irish Tweed是Creed的男士香氛系列中最暢銷的產品，不少名人都是它的愛用者。Green Irish Tweed當初是專為卡萊·葛倫設計的，所以第一個使用它的當然是這位英俊倜儻的老牌影星。而它現今的顧客中也不乏巨星名流，其中包括喬治·克魯尼(George Clooney)、皮爾斯·布洛斯南(Pierce Brosnan)、羅比·威廉斯(Robbie Williams)以及大衛·貝克漢(David Beckham)，就連查爾斯王子也是它的愛用者。

Green Irish Tweed吸引人之處，部分在於它淡雅的香味，既不會有刺激感，而且均衡混合了花香調和草香，並微帶馬鞭草、紫羅蘭葉、佛羅倫斯鳶尾、檀香木、和龍涎香等木質調。Creed可說首開現今訂做香氛風潮的先河，因為它至少有兩支香水最初就是專為其使用者所設計的。例如Spring Flowers是特別為奧黛麗·赫本調製的，而瑪丹娜則花了數千英鎊、足足等了3年，才得到Creed專為她設計的香氛。Creed替顧客量身訂做的香氛，主要是根據顧客本身的個性、喜好，以及嗅覺特性。創立於1760年的Creed，是現今少數仍為私人擁有和經營的香水製造公司。目前的老闆奧利維·克瑞德(Oliver Creed)本身便對香氛極為著迷；他特地從世界各地蒐羅最純的香氛原料，例如保加利亞和摩洛哥的玫瑰，義大利的茉莉和鳶尾，印度的晚香玉，和真正的帕瑪紫羅蘭；其中最貴的是保加利亞玫瑰，每公斤要價2萬8千至4萬4千英鎊（相當於兩磅要價5萬美金至8萬美金），是貝魯嘉魚子醬價錢的30倍。

Creed的Green Irish Tweed男用香水

Creed至今仍運用傳統的萃取技術製造所有香水。香水原料全以人工秤重、混合、篩濾，再放置數星期，讓精華慢慢滲出來，在這段時間，奧利維則忙著將每一批製品調整到最完美。Creed香水的味道會隨時間而有所變化，就像上等葡萄酒會因陳放而越加醇美般。行家宣稱，你可立即分辨出Creed香水的味道，因為它們的香氛比其他香水多了些深度，層次也更豐富、更獨特。事實上，Creed的許多香氛一開始都被百貨公司的採購人員否決，因為它們的香味實在太與眾不同。然而，要真正體會出Creed香氛之妙，需要點時間，這跟許多早年曾被否決的香水後來都成了暢銷品的道理相同。此外，你還得有足夠的閒錢才能擁有Creed香水——愛用它的香水可是一種昂貴的嗜好，但若跟它帶給使用者的尊貴感受相比，倒還算非常值得。

Parfums de Nicolai New York 男用香水

PARFUMS DE NICOLAI NEW YORK

哪裡買？網站：www.beautyhabit.com．www.thesenteurs.com
多少錢？35英鎊／65美金／51歐元
Parfums de Nicolai New York是皮爾‧嬌蘭(Pierre Guerlain)的孫女派翠西亞‧德‧尼可萊(Patricia de Nicolai)調製出來的，它也是知名的生物學家暨香評家路卡‧杜林(Luca Turin)博士偏愛的香氛之一。他形容它「不僅是一瓶香水，而比較像是一生的伴侶；它的層次極為豐富，而達到高雅平衡的柑橘暖香調組合，低調隱約，但近距離時卻又散發出神祕的魅力。」這種含有佛手柑、丁香、琥珀、培地茅等成分的馥郁香氛，極受行家級的古龍水愛好者所喜愛，對於像Perfums de Nicolai這種幾乎不做廣告的香水而言，可說是一項頗傲人的成就。

CHRISTIAN DIOR EAU SAVAGE

哪裡買？所有高級香水店和百貨公司
多少錢？23英鎊／40美金／34歐元起
這瓶香水最著名的是它「類似鬍後水」的經典香味——有些人形容它「正是男人想要的香水」。事實上，它也是第一支大規模行銷、連女性亦會使用的香水。Eau Savage於1966年推出，至今仍非常暢銷。唯有經典，才禁得起時間考驗。

每位男士必備的修容用品

男士首先該考慮購買的第一樣用品，應屬英國品牌D.R.Harris & Co.(網站：www.drharris.co.uk)的刮鬍皂，其絕佳的品質早已廣受肯定，可至位於倫敦聖詹姆斯區(St.James's)的專賣店選購。在1875年於倫敦梅菲爾區(Mayfair)以男性理髮店起家的Geo.F.Trumper (網站：www.trumpers.com)，提供了堪稱全球最多的刮鬍刀樣式；若想找可靠好用的刮鬍刀，就試試瓦瑞克(Warwick)型，這種英王愛德華時期樣式的刮鬍刀適用吉列風速三(Gillette Mach-3)刀片——這也是目前最好用的刮鬍刀片。

至於完美的鬍刷，不妨考慮由鬍刷專業製造商Kent(網站：www.kentbushes.com)製造的純銀柄獾毛刷，或者試試Czech & Speake(網站：www.czechspeake.com)或是Truefitt & Hill(網站：www.truefittandhill.com)的產品。刮鬍油通常比刮鬍泡或膠更有效率，而最好的刮鬍油也很容易買到。所有手藝高超、甚至是最傳統的理髮師，都會推薦King of Shaves，每家高級藥妝店都有售。

仿曬品

St Tropez Shimmering Bronzing Mist

哪裡買？

網站：www.sttropeztan.com · 各地經銷商資訊可打電話查詢：00 44 115 983 6363

多少錢？

32.50英鎊 / 36美金 / 25歐元

St Tropez
亮光仿曬噴霧

即使我們比過去更擔心肌膚老化和黑色素瘤等日曬傷害，但小麥色肌膚的流行熱潮卻未曾消褪。事實上，身材苗條加上小麥色肌膚，似乎已成了當今名流和一般人對外貌的基本要求。最好的方式當然是去美容沙龍，由專業美容師幫你做出仿曬效果，但若你沒有足夠的時間和閒錢，倒也可以自己來。最好的仿曬品是St Tropez的亮光仿曬噴霧(Shimmering Bronzing Mist)。這個品牌不僅開發出最具真實效果的仿曬品，最近還加以改良。這瓶仿曬品含有3D亮光成分，可反射光線，創造出更深、更真實的日曬膚色，因此向來是美容編輯和名人的最愛。它噴上後很快就乾，不過得注意的是使用前最好在浴室地板鋪上一層報紙或塑膠布，否則會把地板弄得污漬斑斑。

LANCASTER'S INSTANT BRONZE FOAM

哪裡買？網站：www.lancaster-beauty.com · 全球各地百貨公司

多少錢？17.50英鎊 / 32美金 / 25歐元

蘭卡斯特(Lancaster)的立即仿曬泡沫霜(Instant Bronze Foam)使用便利，泡沫的質地蓬鬆不油，在1、2個小時內就能創造出自然持久的日曬膚色，而且肌膚感覺起來也相當柔軟滑順。

LANCÔME FLASH BRONZER AIRBRUSH

哪裡買？網站：www.lancome.com · 全球各地百貨公司

多少錢？18英鎊 / 32美金 / 26歐元

這支仿曬噴液用起來很方便，只要斜著拿、距離身體幾吋，細小的噴霧便會覆蓋每一吋肌膚，而且容易吸收。最棒的是，它在1、2個小時之內便能創造出自然的日曬膚色。潔西卡·辛普森和凱莉·米洛都是它的愛用者。

蘭卡斯特立即
仿曬泡沫霜

蘭蔻仿曬噴霧

Guerlain親親珍愛
Excex de Rouge #523唇膏

GUERLAIN KISS KISS EXCES DE ROUGE #523

哪裡買？網站：www.guerlain.co.uk・全球各地百貨公司

多少錢？15英鎊／27美金／21歐元

金色外型使它成為化妝包裡最吸引人的一樣物品。再者，和英國郵筒類似的鮮紅色，也適用於多種場合。

GIVENCHY LIP LIP LIP! SHOPPING RED #212

哪裡買？網站：www.givenchy.com・全球各地百貨公司

俐落的外包裝和柔潤滑順的質地，使得這支大膽、鮮亮的紅色唇膏成為寵愛自己的最佳選擇。

Givenchy魅力亮采
Shopping Red
#212唇膏

適合所有膚色的其他鮮紅唇膏

- 香奈兒Fire #65：大膽的正紅色。
- 迪奧Rouge Mysore #763：令人驚豔、帶桃紅的紅色。
- Nars Jungle Red：亮麗、具現代感的紅。

- MAC Russian Red：性感的鮮紅色。
- 雅詩蘭黛#725：豐潤、強烈的紅。
- Laura Mercier Seduction：性感的紅。
- 夜巴黎(Bourjois)Rouge Best #15：狂熱、熾烈的紅。

香皂

Savon de Marseille

哪裡買？
La Compagnie de Provence，1 Rue Caisserie, 13001, Marseille, France·
電話：00 33 4 91 56 20 94·網站：www.thefrenchhouse.net
多少錢？
每塊約2英鎊 / 3.50美金 / 2.80歐元

馬賽皂

這裡所說的是用來洗手和洗澡的肥皂，所以它的外觀必須夠體面美觀，適合擺在你家的洗手台上，而不是你順手從旅館拿回家的那種免費小香皂。它也必須散發舒服的香味，還要夠好用！馬賽皂(Savon de Marseille)正符合以上所有條件。

　　許多法國女士相信，由於製造方式的不同，使得馬賽皂具有絕妙的特性。的確，法國馬賽向來擁有製造肥皂的悠久傳統，所用的原料是萃取自海草的鹼、海水以及油，成分就是如此單純，不含人工色素，沒有動物脂肪，也沒有任何雜七雜八的添加物。綠色的馬賽皂用的是橄欖油，白／棕色者則是用棕櫚油製成，皆不含香料。每一塊肥皂都壓印著「保證含有72%特純油」，這是從1688年便設定下來的製皂準則。

　　馬賽現存的肥皂廠依然運用沿襲數百年的傳統工法製造肥皂。他們首先將所有原料放入大鍋中煮至少10天，再加以重複漂洗，以去除多餘的氧化納。每一塊肥皂皆為手工裁切，因此外型具有粗糙樸實的質感。然後再置於架上任其自然乾燥；乾燥過程可能長達數月之久。這種肥皂是秤重販賣，每一塊都可以用很久。再者，近幾年肥皂又再度流行，主要是因為它不像某些沐浴乳般含有化學成分。

AFRICAN BLACK SHEA BUTTER SOAP
哪裡買？網站：www.akamuti.co.uk
多少錢？每塊3.50英鎊 / 6.50美金 / 5歐元
現在市面上有許多魚目混珠的所謂乳油木果油產品，但Akamuti所販售的可是真品。乳油木果油來自於乳油木的果實；目前還沒有人開發出種植這種非洲野生植物的方法。乳油木果油的製造過程相當複雜、吃力，而且有地域上的限制。Akamuti是一家擁有公平交易認證的公司，因此收入會用以挹注鄰近的社區居民。黑乳油木果油肥皂(black shea butter soap)不含防腐劑或添加物，可滋潤乾燥肌膚，對異位性皮膚炎和曬傷亦有緩和作用。它也很適合濕疹患者使用，許多長期受濕疹困擾的人都大力推薦。

CLAUS PORTO SABONETE AROMATICO
哪裡買？網站：www.clausporto.com·www.spacenk.co.uk·www.thesoapbar.com·葡萄牙的所有高級藥妝店
多少錢？約8英鎊 / 15美金 / 12歐元
葡萄牙人和西班牙人對肥皂相當著迷，尤其是香味優雅、包裝精美的肥皂。1887年便在葡萄牙製造手工香皂的Claus Proto，其產品質地細膩，不僅物符所值，還有各種令人欣喜的香味，包括檀香、虞美人花香等可供選擇。送禮也很合適。

家飾

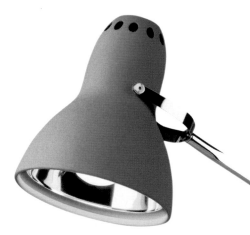

「家裡不該有任何你認為無用或不美觀的東西。」

——工藝設計大師，威廉‧莫里斯
(William Morris, 1834~1986)

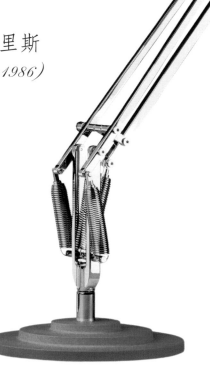

鬧鐘

Jacob Jensen

哪裡買？
網站：www.jacob-jensen.com，各個經銷管道，包括www.designmuseumshop.org
多少錢？
33英鎊 / 60美金 / 48歐元

Jacob Jensen電子顯示鬧鐘

鬧鐘是你每天早晨睜開眼睛看到的第一樣東西，所以一定要夠美觀。丹麥設計師賈可布‧顏森(Jacob Jensen)最擅長設計日常物品，無論是電話還是門鈴，都有令人耳目一新之感。他在擔任高價位音響廠牌Bang & Olufsen的主設計師時，便以其獨特的巧思而成名，在近30年的任職期間，設計了80餘種不同產品，後來才離職自立門戶。我們現在之所以會期待看到有設計感的日常用品，應歸功於顏森，也難怪世界各地許多美術館都藏有他的作品，其中紐約的現代美術館(Museum of Modern Art)便將顏森的19件作品列入館內的設計典藏(Design Collection)與設計研究典藏(Design Study Collection)中。顏森所設計的鬧鐘於1999年推出，不僅具有他一貫流暢簡潔的風格，以及柔光金屬面板，而且還獲得了廣受尊崇的紅點(Red Dot)工業設計獎。它的設計簡潔、一目了然，尤其具有清爽俐落的美感：顏森將液晶螢幕顯示改為黑底白字，讓數字顯示更為清晰，對惺忪的睡眠來說，也較容易看分明。這只鬧鐘在使用上也很簡便；它僅有4個按鍵，每個按鈕專司一種功能。還有另一款設計相似、但具電波時計(radio-controlled)功能的鬧鐘，特別適合超級懶人。

喜愛獵奇的鬧鐘行家也不妨前往日本；這個國家向來以發明如迷你機器人般能發出各種聲音、動作、以及具語音應答功能的鬧鐘聞名。在東京的秋葉原，你可找到各式各樣具有奇特功能的鬧鐘，而且價格出奇地合理。

BRAUN TRAVEL ALARM CLOCK
哪裡買？網站：www.goodmans.net，高級電子產品店
多少錢？25英鎊 / 45美金 / 36歐元
這款有80年代風味的實用主義產品，造型簡潔，最適合討厭數字顯示鬧鐘、又喜歡聽到滴答聲的人。它的愛用者包括洛杉磯的知名室內設計師布萊德‧鄧寧(Brad Dunning)，他會在他幾乎所有客戶——例如時裝設計師湯姆‧福特(Tom Ford)和導演蘇菲亞‧柯波拉(Sofia Coppola)——的床頭，擺上這個黑色小鬧鐘。

LUMIE BODYCLOCK
哪裡買？網站：www.lumie.com，大多數大型百貨公司，包括www.johnlewis.com
多少錢？60英鎊 / 108美金 / 87歐元起
奇妙的新發明，以逐漸增強的燈光模擬日出，可調整使用者的睡眠週期和模式。奧運划艇賽冠軍艾德‧庫德(Ed Coode)在前去參加他最近的一場比賽時，便帶了這款鬧鐘——不妨想想划艇賽選手得多早起床。

雪茄

Partagas Reserva Serie D No 4.

哪裡買？

Davidoff，35 St James's Street, London, SW1．電話：00 44 207 930 3079．
網站：www.davidoff.com． Hunters & Frankau．電話：00 44 207 471 8400．
網站：www.cigars.co.uk

多少錢？

25支一盒278英鎊 / 488美金 / 413歐元

**Partagas
Serie D
No. 4**
特藏雪茄

最好的雪茄是手捲的古巴雪茄，一般通稱為「哈瓦那」(Havanas)。古巴雪茄之所以這麼好，是因為當地擁有適合煙草生長的土壤和氣候，此外，就如上等葡萄酒一般，陳放可增添雪茄的風味。哈瓦那有不少世界知名的雪茄製造商，包括Cohiba、Montecristo和Partagas，而歷史最悠久的Partagas，從1840年代創立至今，幾乎從未改變過雪茄的製造方式。

但唯一改變的是多了一種「特藏」(reserva)雪茄。它於2005年推出，可說將手捲雪茄的奢華推至更高層次。特藏雪茄是指使用發酵較久的特選菸葉捲製（發酵長達5年，一般雪茄用的煙草通常僅發酵1年），因此已比大部分雪茄更具風味。此外，固定菸葉的綁帶以及包裝材料，也都陳放5年之久，所以這種雪茄的確非常特別。

最好的幾個品牌——Montecristo、Cohiba、Partagas——都會製作特藏雪茄，裝在編有不同號碼的盒子內，每年限產5千盒。而Partagas的特藏「魚雷」(torpedo)雪茄（因兩端逐漸變細，狀如魚雷，而有此名），則屬於此一品牌當中早已廣受好評的D系列(Serie D)。

這些雪茄不僅風味絕妙，也是一種很好的投資。著名的佳士得拍賣公司(Christie's)一年會舉辦兩次雪茄拍賣會；1963年古巴禁運前出產的雪茄尤其是眾人競標的珍品。所以如果行家現在便已對Partagas特藏雪茄著迷不已，它們20年後的身價就可想而知了。若你將雪茄當成一種投資，就應以正確的方法妥善收藏；許多雪茄經銷商也會販售特殊的儲藏設備。

COHIBA DOUBLE CORONA

哪裡買？J.J. Fox & Robert Lewis，19 St James's Street, London, SW1．
電話：00 44 207 930 3787．網站：www.jjfox.co.uk

多少錢？每支48英鎊 / 85美金 / 70歐元

這是備受推崇的雪茄經銷商Fox所販售最昂貴的雪茄，具有令人難以想像的順口和圓熟風味，許多狂熱的愛好者宣稱這是他們抽過最好的雪茄。

VINTAGE DUNHILLS AND DAVIDOFFS

哪裡買？www.cgarltd.co.uk

多少錢？25支Davidoff Chateau Y'Quem為5000英鎊 / 8824美金 / 7300歐元

登喜路與大衛杜夫公司(Dunhills and Davidoff)在1992年以前製造的雪茄——即它們仍在古巴製造的時期——尤其備受讚賞，其中最好的是Davidoff Chateau Y'Quem。此外，在雪茄界，任何於1995年之前製造的都算「陳年」。

咖啡機

Gaggia Titanium

哪裡買？

網站：www.gaggia.com，全球各地高級百貨公司

多少錢？

725英鎊／1296美金／1056歐元

Gaggia Titanium
義式咖啡機

對真正的咖啡行家而言，一台高品質的咖啡機是絕對必要的。現在市面上有數百款用來烹煮這種合法強效興奮劑的奇妙器具，包括過濾式咖啡壺、真空咖啡壺，以及全自動咖啡機，但哪個品牌最好？我們發現很多都表現得不錯，例如瑞典品牌Jura和美國品牌Krups，不過我們加以篩選後，特別選出以下提到的3種，各為全自動性能最佳、外型最漂亮，以及最經典的咖啡機。

第一台義式咖啡機是由義大利人路吉·貝瑟拉(Luigi Bezzera)於1901年取得專利，但將熱水加壓、沖過裝盛咖啡粉之濾器的方式，一直到1930年代才開發出來。1946年，阿奇里斯·嘉吉亞(Achilles Gaggia)推出了運用彈簧活塞系統的商用咖啡機，到了1950年代，嘉吉亞咖啡機便遍及全歐各地的咖啡館，也難怪目前市面上最高級的義式濃縮咖啡機之一，便是出自這個經驗豐富的品牌。你只要按一個鈕，咖啡機便幫你磨好豆子、測好份量，直接將香醇的咖啡便注入杯中。這台機器的外型也很俐落；亮滑的不鏽鋼機身含保溫器、打奶泡器，和電子可調式份量控制器。

ILLY X1 FRANCIS ESPRESSO MACHINE

哪裡買？網站：www.illyusa.com

多少錢？444英鎊／800美金／652歐元

這台咖啡機由於造型典雅悅目，因此經常出現在電影和電視節目裡。它的製造者是於1935年首先製造自動咖啡機的illy公司，設計者則是義大利建築師路卡•特拉奇(Luca Trazzi)。這台復古造型的咖啡機內置幫浦，以達到煮咖啡所需的適當壓力，還有強力的蒸汽打奶泡器，以及置放咖啡粉的把手濾器。

illy X1 Francis 義式咖啡機

LA PAVNI 'PROFESSIONAL'

哪裡買？

Via Privata Gorizia 7, 20098, Milan・電話：00 39 02 98 21 71・網站：www.lapavoni.com・全球各地百貨公司

多少錢？302英鎊／529美金／439歐元

據稱是義式濃縮咖啡機創始者的La Pavoni公司，是由戴斯德瑞歐•帕瓦尼(Desiderio Pavoni)在1903年創於米蘭。雖然這台造型美觀的La Pavoni咖啡機並非自動的，而且使用時需要一點耐心和技巧，但可以確定的是，它經典的造型，絕對能讓廚房生色不少。

La Pavni 'Professional'咖啡機

「**我**用咖啡匙量出我的生命。」

——詩人T. S. 艾略特(Eliot)

瞭解咖啡

- Americano或Lungho：美式咖啡，為用義式濃縮咖啡和熱水調製的咖啡。
- Coretto：加酒的義式濃縮咖啡。
- Crema(克麗瑪)：即是浮在咖啡上的一層醇厚、絲絨般的泡沫。
- Epresso：義式濃縮咖啡。Epresso的字面意義是「一下子」；它是所有好咖啡的基底。一杯義式濃縮咖啡的標準份量是7公克（0.2盎司）。
- Cappucino：卡布奇諾；為加奶泡的義式咖啡。
- Ristretto：特濃義式濃縮咖啡。
- Tamping：指在經過熱水沖濾前，先將咖啡粉壓實的過程。

關於咖啡二三事

- 咖啡是在西元前850年由一位衣索匹亞牧羊人發現的；當時他注意到他的羊在吃了咖啡樹的漿果後，竟變得精力充沛。
- 1475年在君士坦丁堡出現了世上第一家咖啡館；至於其他地區，則一直到1652年，才有咖啡館在倫敦開設。
- 共有57個國家在全球超過1百個地區栽種咖啡，包括巴西、哥倫比亞和肯亞。
- 每年全球共消耗4千億杯咖啡，也就是說，它是人們最渴求的第二種日用品，僅次於石油。

茶几

Eileen Gray E1027

哪裡買？

Aram，110 Drury Lane, London, WC2・電話：00 44 207 557 7557・網站：www.aram.co.uk

多少錢？

363英鎊 / 649美金 / 525歐元

Eileen Gray E1027可調式茶几

第一眼看到時，你可能會覺得它似乎以實用為主，造型並沒有什麼特出之處，但只要仔細端詳，就會發現這張適合多種場合使用的茶几，散發出一種隱約的圓熟精緻。它的淡色玻璃桌面和曲線流暢的金屬框架，簡潔、穩固、實用性強。著名的建築師和設計師艾琳・葛瑞(Eileen Gray)於1920年代設計出這張不褪流行、現代感十足的茶几，並以她位於法國蔚藍海岸的立體派藝術風格平頂宅邸的門號命名。由於它的價格不算貴得驚人，風格也不會過於誇張或頹廢，反而展現出別具一格的低調典雅，因此也成為現代藝術博物館(Museum of Modern Art)的永久館藏之一。E1027的妙處，在於它能與各種風格的室內裝潢搭配，無論是現代風格的倉庫改裝公寓，還是維多利亞時期風格的小客廳，都能相得益彰。

「艾琳・葛瑞的E1027茶几，是20世紀初家具設計中最廣為人知的範本。就如所有偉大的設計作品般，它兼具了高雅和實用性。葛瑞在1920年代末設計這張茶几的緣由，是因為她的姊妹即將來訪，而葛瑞知道她喜歡在床上用早餐，於是特別設計出這張方便的扁圓桌。」

——設計評論者，愛麗絲・羅斯森(Alice Rawsthorn)

NOAS PAPION

哪裡買？Aram，110 Drury Lane, London, WC2・電話：00 44 207 557 7557・網站：www.aram.co.uk

多少錢？363英鎊 / 649美金 / 525歐元

這張線條俐落、具未來風格的雙桌面玻璃茶几，曾出現在最新的《星際大戰》前傳系列電影中，具有兩個可調式桌面。

**Noas Papion
雙桌面玻璃茶几**

ANTONIO CITTERIO EILEEN

哪裡買？B&B Itallia，250 Brompton Road, London, SW3・電話：00 44 207 591 8111・網站：www.bebitalia.it

多少錢？440英鎊 / 787美金 / 636歐元起

是向艾琳・葛瑞經典的E1027致敬的一項設計。這張當代風格的茶几，有線條俐落的金屬基座和染色桌架。

拼布

Traditional Amish quilt

哪裡買？

The Old Country Store，3510 Old Philadelphia Pike, Intercourse, PA 17534

· 網站：www.theoldcountrystore.com

多少錢？

456英鎊 / 800美金 / 677歐元起

Amish傳統拼布

若想找有《草原小屋》(Little House on the Prairie)[4]鄉村風格的物品，賓州的蘭卡斯特郡(Lancaster County)是最佳去處，那裡不僅有全美歷史最悠久的阿米希人聚落[5]，還可找到全世界最漂亮的拼布。

拼布是大部分阿米希村落現今的第三大收入來源，至於蘭卡斯特郡的拼布，更被公認是縫工最佳的，而且常以深色為底的布料上所拼縫的顏色組合，也是最特出的。若仔細看，你會發現有少數縫線不太工整──據說阿米希的拼布縫製者偶爾會刻意這麼做，因為他們認為只有上帝才能做出百分之百完美的傑作。

若想搜尋式樣最多的拼布，不妨到The Old Country Store；它位於一棟維多利亞時代的商店建築內。你在這裡可找到數百種拼布，全都是當地人以母女數代相傳的縫紉技巧所縫製。最好的拼布通常是由單一個人製作，出自同一雙手，縫工也較有一致性──有些甚至需要8百個小時才能縫製完成，因此價格也較高，所賣得的錢則會跟縫製者拆帳。

年代較久的拼布最為搶手。1960年代，美國由於嬉皮文化的興起，使得拼布再度流行起來，並一直延續至今。現在，拼布已從原本當做被套的角色，躍升成牆上的裝飾，甚至吸引博物館將之納入收藏，而且其價值有時甚至高達數千美元。

HALF-KILO INDIAN QUILT

哪裡買？Maharani Art，Tambako Market, Jodhpur, India

多少錢？約40英鎊 / 70美金 / 58歐元起

有些最好的印度厚拼布來自印度的久德浦，而聲譽卓著的經銷商之一則是Maharani Art。這家布店位於舊市區錯綜複雜的後街上，和你印象中一般的印度市集布攤相比，它的價格顯然高得多，但品質也好得多──就連著名的時裝設計公司，如愛馬仕、史黛拉·麥卡尼(Stella McCartney)和Etro都跟這家經銷商購買布料。而且它也是一家合作社，因此拼布縫製者都能獲得合理的工資，這樣你買起來應該會安心得多。

CABBAGES & ROSES EIDERDOWN

哪裡買？Cabbages & Roses，3 Langton Street, London, SW10 · 電話：00 44 207 352 7333 ·

網站：www.cabbagesandroses.com

多少錢？一件290英鎊 / 509美金 / 431歐元起

對英國人來說，由於羽絨被基本上是一種沒有可拆換被套的被子，因此被子上令人賞心悅目的拼布設計是必要的。身為嬉皮頹廢風格物品經銷商的Cabbages & Roses，店內全年都有一系列漂亮無比的傳統羽絨被供顧客選購。

4.由勞拉·英格斯·威爾德(Laura Ingalls Wilder)所寫的童書。

5.Amish，他們由於宗教原因，世世代代在自己的村落中過著與世隔絕的簡單生活，依靠農牧和紡織業維生，並拒絕使用現代設施和技術，也不用電、沒有電話和電視，也不穿現代的服飾。

地毯

Kashgai weavers

哪裡買？

伊朗伊斯法罕(Isfahan)的市集

Liberty，Regent Street, London, W1 ·

電話：00 44 207 734 1234 ·

網站：www.liberty.co.uk

Fired Earth

網站：www.firedearth.co.uk

Rugs UK · 網站：www.rugsuk.com

多少錢？

329英鎊／577美金／488歐元起

波斯（即今天的伊朗）地毯依然被公認是世界第一。凡是熱中蒐羅地毯的人，都應該去伊朗古城伊斯法罕；它曾是絲路往來商販的中途站，現在你仍可在市集裡看到上千條疊成一堆堆的地毯。最有價值的是古董或「半古董」，後者是指約40或70年前的地毯，而且商販比較喜歡顧客以美金付款。不過這裡的地毯有許多會賣給大盤商，銷往國外，因此倒也不見得非得親自跑到伊朗選購。

西方國家的地毯專家和銷售商，例如Liberty百貨公司和Fired Earth，也販售種類多樣的波斯地毯。一些最好的貨品出自伊朗南部的游牧部族喀什加人(Kashgai)。喀什加人向來擁有悠久的編織傳統，他們的地毯僅使用羊的肩部和頸部的羊毛，以手工織成，因此質料堅韌細緻。所有地毯都是由部族婦女製作，整個過程完全沒有孩童參與，這在地毯製造業中頗少見。地毯的顏色是以部落方便採集到的植物所製成的染料染成的，例如許多地毯具有的濃紅底色，是用茜草根製成的染料染製。至於圖案，大多數是以菱形紋和其他圖案為主，例如花草鳥獸的象徵圖形等，因此每一張都是獨一無二。

波斯地毯之所以如此出色，是因為地毯製作者本身也會使用它們，而這些人對品質的要求，自然跟你我一樣。他們賣出的波斯地毯，大多是部落中人已使用超過40年者，但依然狀況極佳，因為他們在踩上地毯前都會先脫鞋。不過，在購買前最好還是先仔細檢查地毯是否有磨損、流蘇是否都完好。

此外，現在正是購買任何東方地毯的好時機，尤其是古董地毯，因為目前它們尚未再度流行。即使拍賣公司所賣的那些——其中許多是絲質，且縫入金銀線——跟東方地毯最炙手可熱的1980年代相比，價格低了一半，可說物超所值。

STEPEVI

哪裡買？Stepevi，274 Kings Road, London, SW3．
電話：00 44 207 376 7574

多少錢？150英鎊／796美金／656歐元起

土耳其地毯或許足以和波斯地毯媲美，但兼具品味和現代感的
設計依然不易找到。幸好以伊斯坦堡為根據地的Stepevi販售
不少品質極佳、圖案設計大膽的地毯。這家公司一年會變換兩
次色彩設計，此外，你也能訂做屬於自己的地毯，只要4星期
便能完工。

BERBER MARITAL RUG

哪裡買？Bazar Dakhla，63 Souk Teinturiers, Marrakech,
Morocco

多少錢？30英鎊／53美金／44歐元起

摩洛哥地毯雖然不如土耳其或中東地毯來得質佳、稀有、昂
貴，但它們會比你在當地買回家的任何東西都來得好，而且比
前兩地出產的地毯便宜。到馬拉喀什(Marrakech)時，不妨前
往位於地毯市集內的Bazar Dakhla，選購各色地毯和毛毯，包
括產自高和中亞特拉斯山(High and Middle Atlas Mountains)
的開立姆(Kilim)手工毯。嵌銀亮片的柏柏爾人婚慶用毯是頗值
得購買的商品。

Stepevi販售的地毯

「**我**一年會去摩洛哥兩三次，尋找靈感。當地最值得購買的物品之一是地毯和毛毯。我收藏了一批鑲亮片的
毛毯──它們原是婚禮用的毯子──只花了**40英鎊**，而我之前在**Liberty**百貨公司看到類似的毯子，卻要價
250英鎊。去年我也花錢買了一條好毛毯，是**1960年代**的摩洛哥班尼烏蘭(Beni Ourane)毯。這種毯子以黑白圖案設
計為主，每條都各有特色──事實上，《室內設計天地》(World fo Interiors)雜誌最近才報導過──雖然它們不算便
宜（一條大約450英鎊以上），但比在英國購買便宜得多。我在倫敦看過，一條要價竟高達1千英鎊！」

──倫敦的鞋子設計師，奧莉維亞・莫里斯(Olivia Morris)

塞維爾街的緣起

在非洲和亞洲的許多地區，討價還價可說是全民運動：幾乎每
個人買東西時都會殺價。但就和其他運動一樣，討價還價也有
一套嚴格的規矩。首先，必須要有耐性。討價還價是需要花時
間的──大多數商販有時會表現出彷彿極不願意把貨物賣出似的
──因為他們認為，要與等同於金錢的貨物分離時，應該深思熟
慮，才是從商之道。

一旦你露出有興趣的模樣，哪怕只有一點點，遊戲便開始了。
在商販眼裡，光是詢價，便代表你想買。接著他們會開出兩
倍、三倍、甚至十倍的價碼，希望你照付。你必須先誇張地露
出一副被嚇到的模樣，接著起碼殺一半的價錢；同時你也在心
裡定下你所願意付出的最高價格底線，然後堅守不變。一旦殺
到此一底線，就跟對方不斷重複這個數字，最後商販便會讓

步。但若已經到了雙方都同意某個價碼的階段，你卻又反悔不
買，就很冒失無禮了。

當你殺價的目標是古董時，最好在細問出處前先詢價──這樣比
較容易讓人覺得你是經驗豐富的買家。你從自己國家採購到的
貨品也可派上用場，例如筆、T恤等，當成交易的一部分，尤其
當商販表現出有興趣的樣子時。

此外，大多數商人對於哪些國家的顧客屬於肥羊，會有一套認
定標準，因此開出的價碼會因人而異。通常對日本人開的價最
高，其次是美國人，然後是歐洲人。如果你真想買到價格實惠
的商品，不妨假裝自己是來自於某個較少人聽過的偏遠國家。
別覺得難為情──畢竟商人都很精明，絕對不會在無利可圖的情
況下賣出貨物。

沙發

Jasper Morrison Cappelini Elan

哪裡買？
SCP Ltd，電話：00 44 20 7739 1869．網站：www.scp.co.uk
多少錢？
2946英鎊 / 5302美金 / 4124歐元起

如果椅子是家中最實用的家具，那麼沙發便是最休閒的。它是一種設計用來閒坐、斜倚、躺臥的家具，是放鬆、休息的象徵。所以哪種款式最合適？市面上有數千種設計可選，從傳統的切斯特菲爾德厚墊扶手大沙發，到極簡的斯堪地那維亞款式都有，但無論哪種，都比不上Jasper Morrison Cappelini Elan的優雅有型。極簡、美麗、單純的Elan沙發，正體現了家飾設計名家傑斯珀·莫里森(Jasper Morrison)低調、永不褪流行的美學思維，而且無論把它放在喬治王時期風格的聯排住宅，或現代風格的頂樓公寓內，都能相得益彰。

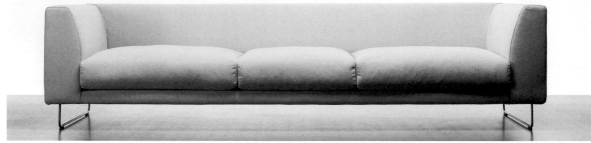

Jasper Morrison Cappelini Elan沙發

ANTONIO CITTERIO CHARLES

哪裡買？B&B Italia，Via Durini 14, 20122, Milan, Italy．電話：00 39 02 76 44 41．
250 Brompton Road, London, SW3．電話：00 44 207 591 8111．網站：www.bebitalia.co.uk
多少錢？5000英鎊 / 8895美金 / 7295歐元起
最棒的組合式沙發——呈直角形，有倚著低椅背放置、可隨意移動的靠墊，看起來雅致又具現代感。如果想把沙發置於客廳正中央，也可以將它排成半島形。

Antonio Citterio Charles沙發

FLORENCE KNOLL, MODEL NO. 1205

哪裡買？網站：www.retromodern.com

多少錢？2854英鎊／5032美金／4184歐元起

這張線條俐落又高雅的沙發，是在1954年設計出來的；當時，設計師佛羅倫·斯諾爾(Florence Knoll)正為創造理想的「休憩家具」反覆構思，而它正是其中的成果之一。實心木框架和方形鐵管加上拋光處理，使得這張沙發散發出無比平穩的風格。

Bocca Marilyn Lips沙發

其他沙發銷售商

Donghia

安其羅唐吉亞(Angelo Donghia)的家飾公司陳列了美國家具設計鼎盛時期的作品。在這裡，你可找到種類繁多、製作精美、且融合了傳統與現代風格的沙發，例如美麗的博沙利諾(Borsalino)系列，便帶有1930與40年代的加勒比海風格。

網站：www.donghia.com

Mascheroni

這個義大利精緻品牌專門製造舒適的大型皮沙發，作品融合了傳統製造工法和酷炫的當代設計。這個品牌背後的設計精神是熱情、品質與精緻工藝。

網站：www.mascheroni.it

ILVA

丹麥品牌；即將在英國上市。它的沙發外型簡單，色調中性，具現代感，時髦且不貴。近來最暢銷的是托斯卡尼(Toscana)沙發，奶油色、線條俐落又雅致，充分反映這家公司的設計美學。不妨把這個品牌想成宜家家飾(Ikea)，只不過更新穎、更高雅。

網站：www.ilva.dk

3種經典的沙發設計

Studio 65, Bocca Marilyn Lips sofa

沒有比豐滿紅唇形狀的沙發，更能勾起人們想坐下去的慾望。這張沙發的設計靈感，是來自於達利在1936年所創作的梅蕙絲沙發。

網站：www.edra.com

George Nelson's Marshmallow sofa, 1956

這張經典的沙發有上漆的鐵管支架，以及內填乳膠泡棉的仿皮椅墊。目前可在倫敦的TwentyTwentyOne買到。

網站：www.twentytwentyone.com

Marcel Breuer couch, 1930~1931

這款設計經典有鉻鐵管以及平面金屬框架，加上皮椅座和後背靠墊，已由Tecta重新生產推出。

網站：www.tecta.de

書寫紙品

Smythson

Smythson紙品

哪裡買？
40 New Bond Street, London, W1．
電話：00 44 207 629 8558．
網站：www.smythson.com
多少錢？
訂做1百套卡片加信封為125.50英鎊／225美金／
175歐元起

紙箋最近又稍有重新流行起來的徵兆，這或許是對電子郵件普及的一種反動，也可能是對往日和學校同學比較誰擁有最炫文具的一種緬懷。無論原因為何，挑對書寫紙品是很重要的，因為它的質感和樣式，代表了你希望展現出來的形象；這跟你是否挑對了尺寸、重量、顏色和抬頭設計有關。有些自詡為信箋行家的人，還真的會把信紙翻過來察看浮水印。所以挑選時一定要慎重。

Smythson的書寫紙品絕對能讓你面上有光。它是英國女王最偏愛的文具商，而且獲得多達4個的皇室授權勳章。過去，幾乎每個名人，從佛洛伊德到摩納哥王妃葛麗絲‧凱莉，都使用它的紙品。Smythson現今的主顧則包括影星葛妮絲‧派特羅，她曾在女兒蘋果(Apple)出生時，訂做了20盒蘋果圖樣的卡片。瑪丹娜和她的女兒露德絲(Loudes)也訂做了她們個人專屬的成套紙品——這位流行樂偶像顯然希望讓自己的女兒從小就學會寫答謝卡。

這家店在法蘭克‧史邁森(Frank Smythson)於1887年開始製造輕質記事本時創立——英國的威廉和哈利王子除了它的記事本，其他品牌一概不用。接著他便推出信箋產品以及訂做服務；而現今的訂做服務當中還包括手刻圖形(有1百種可供選擇，從瓢蟲到黑色匕首圖案等都有)，以及各種不同的信封顏色、手繪邊線、和字體。所有印在紙品上的字體，都是以手工刻版，因此線條嚴謹，墨色也濃淡合宜。

至於書寫紙品的顏色，最受歡迎的包括公園大道粉紅(Park Avenue Pink)、龐德街藍(Bond Street Blue)，以及理所當然上榜的尼羅河藍(Nile Blue)。它是法蘭克‧史邁森從某次埃及之旅中得到靈感，而設計出來的，是Smythson獨有的色調，而它的所有包裝也全用此顏色。

CRANE & CO.
哪裡買？網站：www.crane.com．Alastair Lockhart，97 Walton Street, London, SW3．電話：00 44 207 581 8289
多少錢？13.50英鎊／24美金／20歐元起
Crane & Co.之於美國，就像Smythson之於英國般，不僅白宮使用它的書寫紙品，它也是美金印鈔紙的供應商。不過購買者最好記得，美國的書寫紙和英國的尺寸不同，不僅較小，也較方。

R. NICHOLS
哪裡買？網站：www.r-nichols.com
多少錢？5.50英鎊／10美金／8歐元起
具有引領潮流的獨特設計，其中最典型的圖案是一個女子提著好幾個購物袋匆忙踏下計程車。這個來自紐約曼哈頓的R. Nichols，尤其適合世界各地凱莉‧布蘭蕭(Carrie Bradshaw)(電視影集《慾望城市》的主角)的追隨者。

寶石

Gem Palace

哪裡買？
M. I. Road, Jaipur, 302001, India · 電話：00 91 141 2374 · 網站：www.gempalacejaipur.com
多少錢？
下訂單時議價

拉賈斯坦省以及它的省會久德浦，尤其是沿著哈迪恩卡大道(Haldion Ka Rasta)和鄰近風之宮(Hawa Mahal)的戈帕吉達大道(Gopalji da Rasta)上的珠寶店，是選購寶石的好去處。你可在那些灰塵滿佈的店鋪裡買到各色手工切割打磨的寶石；若你喜歡較整潔的消費環境，不妨去Gem Palace，親自細看美得令人摒息的裸石──紅寶石、祖母綠、鑽石、蛋白石、綠玉、紫水晶、碧璽和藍寶石──就如五彩繽紛的糖果般散置著。

裸石

Gem Palace名聞遐邇的是它的訂做珠寶。經營者卡斯利瓦(Kasliwal)家族，自1852年便開始為印度皇族供應珠寶，滾石合唱團的主唱米克‧傑格等許多名人都是其主顧，就連知名的歐洲珠寶商，如卡地亞和寶格麗(Bulgari)，也跟他們訂購寶石。走入店內，便有如置身於一個超大珠寶盒。除了裸石，他們也販售首飾──其中特別值得推薦、且較符合西方人品味的，是由備受肯定的巴黎珠寶設計師瑪麗‧海倫‧娜塔雅克(Marie-Hélène Taillac)所設計的系列。不過光顧這家店最大的樂趣，是利用他們的訂做服務。只要一兩個小時，便能依顧客需求做好一件簡單的設計品──印度人習慣依重量購買寶石，然後當場串成首飾。至於較複雜的設計，通常會由卡斯利瓦兄弟親自製作。Gem Palace也販售精巧的古董珠寶。

POPLI

哪裡買？Suleman Chambers，Battery Street, Appollo Bunder, Mumbai, 400039, India · 電話：00 91 22 2202 2321
多少錢？一串紅寶項鍊從200英鎊／350美金／290歐元起
印度孟買(Mumbai)的Popli，販售許多紅寶石、石榴石、藍寶石和珍珠，價格實惠，除了裸石，也有首飾成品。英國名模暨演員伊莉莎白‧赫利是常客。

FIONA KNAPP

哪裡買？178a Westbourne Grove, London, W11 · 電話：00 44 207 313 5941 · 網站：www.fionaknapp.com

多少錢？800英鎊／1404美金／1188歐元起

這位紐西蘭出生的珠寶設計師，相對來說算是新起之秀，但她的珠寶首飾不僅設計大膽，更巧妙運用色調亮麗的寶石，例如粉紅剛玉和櫻桃色調的碧璽。相信未來她的設計將會成為經典。

粉紅金鑲嵌粉紅剛玉的蒲公英花形戒指

橢圓形多面切割綠玉戒指

紅色碧璽男士袖扣

到世界各產區選購寶石

精明的寶石買家會直接到礦區選購新掘出的寶石，因此知道它們產自何處相當重要。

祖母綠

大多產自南美，尤其是哥倫比亞。最好的礦區是穆佐(Muzo)、契沃爾(Chivor)、科斯奎茲(Cosquez)，此3地的祖母綠具有一種澄亮、飽滿的青翠色。哥倫比亞首都波哥大(Bogota)正快速躍升為全球的祖母綠交易中心。巴西、辛巴威、馬達加斯加以及尚比亞也有豐富礦藏，所產的祖母綠有一種罕見的藍綠色。

紅寶石

紅寶石是所有寶石當中最有價值者，而緬甸的抹谷(Mogok)向來被人稱為「紅寶石之谷」，在那裡，你可找到全球最好的紅寶石。

紅寶石商

Museum and Gem Mark位於緬甸仰光的卡巴艾巴葛達路(Kaba Aye Pagoda Road)，是可靠的在地珠寶商。許多紅寶石最後都會銷往紅寶石交易的重心——泰國。紅寶石的色調以所謂的「鴿血紅」(pigeon's blood red)最為珍貴；它是一種飽和的深紅色。

藍寶石

這類寶石有很多顏色，包括黃色和粉紅色調的藍寶石。粉紅橙色調者，即所謂的帕德馬剛玉(Padparadshah sapphire)，是藍寶石中最珍貴的，其次是產自喀什米爾的矢車菊藍藍寶石。如果你想找藍色調的藍寶石，斯里蘭卡是好去處。澳洲則是目前全球最大的藍寶石產地，但色調並不一定最美——它們大多帶有一種藍黑色。

金飾

Garrard

Garrard黃金戒指

哪裡買？
24 Albermarle St, London, W1 · 電話：00 44 207 758 8520 ·
網站：www.garrard.com

多少錢？
一只金戒為1000英鎊 / 1764美金 / 1467歐元起

黃金以各種不同的形式存在於我們的生活中，無論是錢幣還是牙套，都含有黃金。
最早使用黃金和金飾的是蘇美人，約可追溯到西元前3000年。考古學家曾在現今伊拉克南部的烏爾(Ur)出土的蘇美王室陵墓內發現金飾。在此同時，古埃及人則將黃金打成金箔，或與其他金屬合鑄。西元前1352年，英年早逝的埃及法老王圖坦卡門(Tutankhamen)，其金字塔陵墓中不僅有大批黃金陪葬品，遺體更被置放於華麗的黃金人形石棺內。陵墓出土時，考古隊驚訝地發現一個重達1110公斤（2448磅）的金棺，以及數百件黃金和金箔物品。

那麼，黃金婚戒的由來究竟為何？最早的起源可追溯至古埃及及和羅馬時期；當時，戒指被視為永世結合的象徵，不過樣式並沒有像後來那麼貴重耀眼，而只是簡單的小鐵環。直到西元2世紀人們開始瞭解黃金的亮麗和持久之後，才有所改變。

Garrad是喬治‧威克斯(George Wickes)於1722年進入金匠廳時創立的；這個品牌以製作英國王冠而名聞遐邇。如今，在著名珠寶設計師潔德‧傑格(Jade Jagger)的執掌下，這家頂級珠寶商不僅展現出與現代融合的新風貌，也絕對是選購經典黃金婚戒時的最佳去處。

DINH VAN

哪裡買？ 15, Rue de la Paix, 75002, Paris, France · 35b Sloane Street, London, SW1 · 網站：www.dinhvan.co.uk
多少錢？ 一只婚戒從250英鎊 / 444美金 / 367歐元起
生於越南、在巴黎成長的金匠尚‧鼎‧凡(Jean Dinh Van)，1950到60年代曾在卡地亞任職，現在則自立門戶，設計出堪稱是世上最精緻、華麗的金飾。他所設計的金戒指美極了。

ME & RO

哪裡買？ 241 Elizabeth Street, New York, 10012 · 電話：00 1 917 237 9215 · 網站：www.meandrojewelry.com
多少錢？ 一只18K金蓮花墜子從263英鎊 / 465美金 / 385歐元起
當紅的紐約設計師蜜雪兒‧關(Michele Quan)以及羅賓‧蘭西(Robin Renzi)，運用18K金創作出漂亮、具現代感、又帶有些許異國風的手鐲、項鍊和耳環。

金價較低的黃金選購去處

伊斯坦堡、印度和希臘，是少數你能以較低價格買到漂亮金飾的國家。希臘的A. Patrikiadou這家店，以販售精美的拜占庭時期首飾聞名，首飾年代最早甚至可追溯至西元前4世紀。若想以非常合理的價格，買到設計繁複的黃金首飾，伊斯坦堡是好去處，不過你多少要殺點價。印度孟買的Tribhovandas Bhimji Zaveri金飾店，足足有5層樓的各色珠寶和金飾，可讓你瀏覽個夠。(A.Patrikiadou，地址：58 Pandrossou, Athens, Greece · 電話：00 30 210 325 0539；Tribhovandas Bhimji Zaveri · 地址：241-43 Zaveri Bazaar, Mumbai, India · 電話：00 91 22 2363 3060)

珍珠

Mikimoto

Mikimoto養珠項鍊

哪裡買？
網站：www.mikimoto.com・www.mikimotoamerica.com

多少錢？
右圖的41公分長（16英吋）單串日本養珠項鍊，金鍊扣，以直徑
5.6～6公釐（0.2英吋）的珍珠串成，價格為1730英鎊／3037美金
／2568歐元

珍珠的愛用者就如她們呈現在外的形象般典雅——不妨回想一下身穿黑色毛織套裝加長串珍珠項鍊的可可・香奈兒、《第凡內早餐》裡的奧黛麗・赫本以及英國女王。雖然珍珠是由有機物構成，但仍被列為珍貴寶石類。它不僅是珠寶盒內不可或缺的重要首飾之一，也易於跟服裝搭配。但該如何選購珍珠？

首先，你必須知道何謂天然珍珠和養珠。市面上僅有1%的珍珠是天然的；這些真正的珍珠被稱為「東方珍珠」(oriental pearls)，產自一種名為翼貝的軟體動物，主要棲息地在波斯灣、紅海、以及位於印度和斯里蘭卡之間的馬納爾灣(Gulf of Manaar)。當異物進入牡蠣，牡蠣會分泌珍珠層(nacre)，或所謂的「真珠母」(mother-of-pearl)（一種含有鈣質的蛋白質），層層包覆異物，最後便形成珍珠；珍珠層越厚，珍珠的光澤就越飽滿。

Mikimoto提供品質最佳的養珠項鍊，主要是因為他們讓珠核留在分泌珍珠層的珠蠔裡的時間最久。麵店老闆之子御木本幸吉(Kokichi Mikimoto)在1900年代初期取得了珍珠養殖法的專利；他的夢想是生產數量多到足以「供全世界所有女人配戴」的珍珠。他為實現這個理念，建立了養殖日本珠蠔(Akoya pearl oyster)的養殖場。養殖場人員會先讓珠蠔生長兩年左右，然後將一顆母貝做成的珠核植入蠔內，讓珍珠層慢慢累積，等待至少兩年以後，才採收珍珠。

讓珍珠價值更高的要素，包括豐潤的粉紅光澤以及尺寸——即顆粒的大小——還有形狀，而且完美的珍珠應有滑潤無瑕的表面。測試珍珠真假的方法之一是用你的牙齒觸碰，若是真正的珍珠，會有沙沙的感覺。

單串珍珠項鍊最為高雅，適用場合也最多；而類似可可・香奈兒風格的多串珍珠，則適合晚間配戴。據說不時把珍珠首飾拿出來配戴，對珍珠較好，事實的確如此；因為這樣能讓珍珠定期接觸到皮膚上的油脂，光澤會變得更圓潤。所以，你沒藉口老是把珍珠藏在首飾盒裡，快把它們戴出來吧！

TIFFANY & CO.

哪裡買？網站：www.tiffany.com

多少錢？650英鎊／1141美金／965歐元
近年來，這家世界知名的珠寶商也將注意力投注
在「除鑽石之外」的珠寶，並推出珍珠飾品，同樣以俐落、簡潔、現代的設計為主。

「只要在一個如假包換的蕩婦頸上掛一串珍珠項鍊，就能讓她變成淑女。」
——百老匯戲服設計師，唐諾・布魯克(Donald Brooks)

SOUTH SEA PEARLS

哪裡買？專門經銷商，網站：www.pearlaradise.com

多少錢？一顆數千英鎊／美金／歐元
除了大溪地珍珠之外，南海珍珠(South Sea Pearls)可說是最好的天然珍珠，最大者直徑可達10公釐（0.5英吋），有銀色、黑色和金色。

銀飾

Links of London

Links of London
幸運手鍊

多少錢？
16 Sloane Square, London, SW1・電話：00 44 207 730 3133・
網站：www.linksoflondon.com

多少錢？
一條銀手鍊加三個小墜子約150英鎊／273美金／223歐元起

幸運手鍊是最有趣的時尚設計品，兼具華麗耀眼與俏皮活潑。幸運手鍊的魅力將永遠不減──只要看看它豐富又多采多姿的過往，便能瞭解了。這種手鍊的起源可追溯至數千年前，當時是以貝殼為墜飾，用來祈求多子多孫多財富。到了19世紀，幸運手鍊開始廣受歐洲人的喜愛，當然也是因為名人的推波助瀾，其中包括維多利亞女王。她在丈夫過世後，在自己的手鍊上掛了一個丈夫的寶石浮雕小像。影星瑪琳・黛德麗在坐飛機時會戴上這種首飾以祈求好運，而葛麗絲・凱莉在1954年的電影《後窗》(Rear Window)中也戴了一條幸運手鍊。至於今日的幸運手鍊迷，則包括明星和時尚人士，如珍妮佛・洛佩茲、莎拉・潔西卡・派克、流行歌手凱莉・奧斯本(Kelly Osbourne)，和珠寶設計師潔德・傑格。幸運手鍊通常為銀質；這種金屬曾被羅馬皇帝用來打造錢幣，也曾用來製造印度大君的大甕，以及可汗的小飾物──而這些歷史淵源，更為幸運手鍊憑添魅力。

Links of London是由安露希卡・杜卡斯(Annoushka Ducas)偕同丈夫約翰・艾頓(John Ayton)於1990年創立，在為顧客完成一對簡單的訂做魚形袖扣後，Links of London竟機緣巧合地成為幸運鍊墜設計的領導品牌。店內還設有訂做專櫃，供顧客訂做專屬自己的手鍊。Links of London的幸運手鍊價格出奇的可親，而且時髦又俏皮。

TIFFANY & CO.

哪裡買？ 網站：www.tiffany.com　**多少錢？** 約125英鎊／222美金／183歐元起

Tiffany & Co.在1837年創於紐約，並因奧黛麗・赫本的經典電影《第凡內早餐》而名聞遐邇，至今依然是全世界最精緻的銀飾品牌之一，尤以它的純銀「心牌」(Heart Tag)幸運手鍊著稱。

Patrick Mavros的幸運手鍊

PATRICK MAVROS

哪裡買？ 104-106 Fulham Road, London, SW3・
電話：00 44 207 052 0001・網站：www.patrickmavros.com

多少錢？ 225英鎊／410美金／334歐元起

這條令人難以抗拒的漂亮手鍊掛著9種可愛無比的小動物鍊墜，是由倫敦的銀飾設計大師派崔克・馬弗羅斯(Patrick Mavros)所設計，有兩種長度可供選擇：17.5公分（7英吋）和19.7公分（8英吋）。

手拿包

Lulu Guinness fan

哪裡買？

3 Ellis Street, London, SW1 · 電話：00 44 207 823 4828 · 網站：www.luluguinness.com

多少錢？

395英鎊 / 706美金 / 579歐元起

「參加晚宴，當然要穿能裸露美麗雙肩的禮服；多了一條皮包背帶，就會破壞雙肩的曲線，所以手拿包最適合在這類場合使用。身為配件設計師，我總會讓皮包成為整體裝扮中最亮眼的部分，鞋子則不一定和皮包成套，但兩者一定要能相互搭配。最糟糕的裝扮方式，莫過於身穿淡色晚禮服，卻配上一個厚重的深色拼布包。」

——露露·金尼斯

這款手拿包雖不是最炫、最流行的，但它卻是最經典、最值得收藏、也最令人心動的，熱愛者包括休葛蘭的女友潔米瑪(Jemima Khan)、好萊塢影星荷莉·貝瑞、名模蘇菲·達爾(Sophie Dahl)等。露露·金尼斯(Lulu Guinness)的扇形手拿包(the fan)結合了高貴、幽默和典雅，令人不禁聯想起好萊塢的早期風格。這位英國皮包設計師在1989年創立個人品牌時，便以有亮麗麂皮內襯設計的女用公事包在配飾界嶄露頭角，並在1995年設計出她的第一個扇形包，甫推出便銷售一空。深諳消費心理的她，每款設計皆是限量製造，因此更為獨特、搶手。而她的扇形手拿包尤其風格獨具：只要搭配一襲簡單的黑色小洋裝，便能展現出華貴典雅的風韻。Guinness的鑲水晶扇形手拿包（如圖）原售價為775英鎊（1,383美金），如今在eBay上的售價則高達1,000英鎊（1,785美金）以上。

Lulu Guinness扇形手拿包

JUDITH LEIBER MINAUDIERE CRYSTAL CLUTCH

哪裡買？全球各地百貨公司

680 Madison Avenue at 61st Street, New York, NY 10022．

電話：00 1 212 223 2999．網站：www.judithleiber.com

多少錢？1051英鎊／1895美金／1542歐元起

當蕾妮．齊薇格(Renée Zellweger)、妮可．基嫚、和史嘉莉．約翰森考慮該帶哪種手拿包走星光大道時，茱迪絲．萊柏(Judith Leiber)的百寶匣系列手拿包(Minaudiere)自然是首選。鑲嵌珠寶的Judith Leiber硬匣式手拿包，不僅精緻昂貴，而且散發出傲視群雌的耀眼光芒。

VBH'S SATIN ENVELOP CLUTCH BAG

哪裡買？網站：www.brownsfashion.com

多少錢？430英鎊／750美金／615歐元

產品在佛羅倫斯製造的羅馬品牌ＶＢＨ（為品牌所有人Ｖ.Ｂruce Hoeksema的名字縮寫；他曾在著名時裝品牌范倫鐵諾任職）提供一系列簡單卻絢麗的長方形手拿包，吸引不少愛用者。這個品牌的每一個手拿包，都是在佛羅倫斯由一組手藝精湛的工匠用最好的皮革以手工縫製；而特有的鍍銠夾釦，更讓它的手拿包備顯獨特。

Judith Leiber
百寶匣系列
綠水晶手拿包

Judith Leiber百寶匣系
列水晶圓點花紋手拿包

古董手拿包何處尋

在可可香奈兒於1929年設計出側肩背的皮包之前，雅致的手拿包一直是女性外出時，置放粉盒、口紅，與其他隨身物品的不二選擇；這也意味著你應該還可以找到不少1920年代（或更早以前）的手拿包──只要你知道去哪裡找。以倫敦來說，在波多貝羅市集(Portobello market)前端（位於諾丁丘門(Notting Hill Gate)和西澎林(Wesbourne Grove)之間），便可找到一些很棒的古董手拿包攤位，以及擺滿漂亮手拿包的飾品店。艾菲斯古董市集(Alfies Antique market，地址：12-25 Church Street,

London, NW8)以及伊斯靈頓區(Islington)的坎頓巷（Camden Passage，靠近Angel地鐵站），也能找到一些古董手拿包。至於紐約，於春秋兩季舉辦的古董展Triple Pier Expo，是搜尋古董手拿包精品的好去處。若在巴黎，不妨前往位於克里雍故門(Porte de Clignancourt)地鐵站附近的跳蚤市場（正式名稱為聖昆恩跳蚤市場(Puces de Saint-Quen)），在那裡可找到不少手拿包，有些的年代甚至可追溯至19世紀末期，此外也可順便瀏覽許多有趣的古董。

牛仔靴

Texas Traditions

哪裡買？
2222 College Ave, Austin, Texas, 78704．電話：00 1 512 443 4447．
電子信箱：TexasTrad@aol.com
多少錢？
219英鎊／400美金／325歐元起

對於那些和電影《午夜牛郎》(Midnight Cowboy)裡的喬巴克(Joe Buck)一樣喜歡耍帥的人來說，一雙製作精巧的牛仔靴或許能滿足其慾望。第一雙牛仔靴的出現，可追溯至19世紀中期的德州；當時的靴子已改良成具有可緊扣馬鐙的古

R Soles繡花牛仔靴

巴樣式粗鞋跟。但直到1920年代，牛仔靴才隨著廣播劇中大量的牛仔角色而流行起來。1940年代之後的西部電影加上主演明星的推波助瀾——尤其是約翰·韋恩(John Wayne)等人——更讓牛仔靴大受歡迎，自此，牛仔靴的流行風潮便不斷來來去去。曾引領牛仔靴潮流的名人包括歌手藍尼·克拉維茲(Lenny Kravitz)、演員約翰·屈伏塔(John Travolta)和湯姆·克魯斯，最近幾年的女性時尚偶像則包括席安娜·米勒（以她的現代波西米亞風格裝扮風格掀起牛仔靴流行）、歌手喬絲·史東(Joss Stone)和小甜甜布蘭妮(Britney Spears)。

所以，如果你真的很喜歡牛仔靴——不妨承認這個事實吧，一般人不是很喜歡它，就是極痛恨它——哪裡才可以買到最好的牛仔靴？答案是Texas Traditions。這家有百年歷史的老店，曾在1937年製造出有史以來最高價的牛仔靴；它是為某位著名的豪賭客所設計，上面鑲綴著鑽石、紅寶石和真金。如今，李·米勒(Lee Miller)繼查理·鄧恩(Charlie Dunn)之後接手經營這家老店，依然製造全世界品質最佳的手工製真皮牛仔靴，因此所有鄉村歌手——還有流行歌手史汀——都只買它的產品。

TONY LAMA

哪裡買？ Henry Beguelin，18 Ninth Avenue, at 13th Street, inside Hotel Gansevoort, New York, NY 10014．
電話：00 1 212 647 8415．網站：www.tonylamabootshop.com
網站：www.bootsbarn.com
多少錢？ 約137英鎊／250美金／250歐元起
由於從小牛皮到鴕鳥皮等各種質材都有不同的特性，因此要製作一雙Tony Lama牛仔靴，得經過將近1百道的工序。為了因應德州帕索(El Paso)的高原沙漠地形，每隻靴子都加入了經過準確測量的雙道鐵條弓形墊，以支撐腳弓，而且Tony Lama的所有靴子至今依然以手工精製。

R SOLES

哪裡買？ 109a Kings Road, London, SW3．電話：00 44 207 351 5520．網站：www.rsolesboots.com
多少錢？ 約195英鎊／355美金／289歐元起
R Soles是於1975年由道格拉斯·柏尼(Douglas Berney)在一度相當時髦的國王路(Kings Road)所創立，它品質絕佳的牛仔靴，立刻吸引了許多原本並非牛仔迷的人。如今，它依然是這條著名街道上極少數碩果僅存的獨立品牌名店，供應你在英國境內所能找到最好的牛仔靴。其設計師茱迪·羅絲柴爾(Judy Rothchild)的牛仔靴設計，也曾登上紐約、倫敦、巴黎的時裝伸展台。

拖鞋

Pia Wallén

哪裡買？
特定經銷商，如Skandium，
網站：www.skandium.com．
進一步資料可查詢網站：www.piawallen.se
多少錢？
37英鎊／67美金／54歐元起

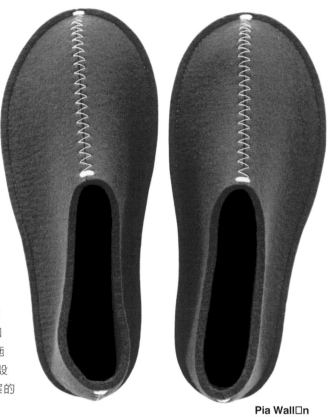

**Pia Walln
毛氈拖鞋**

居　住在一年中有多數時間缺乏溫暖日照的斯堪地納維亞，北歐人的確知道幾個能讓自己更暖和舒適的祕訣；而他們的設計風格也頗有獨到之處，難怪Pia Wallén的毛氈拖鞋會是溫暖雙足的最佳選擇。

以斯德哥爾摩為根據地的琵雅華倫(Pia Wallén)，是一位獲獎的室內設計師，以設計非針織的高品質毛氈製品起家。她所設計的拖鞋以橡膠為底，加上和毛氈鞋面顏色對比的鋸齒狀縫線牢牢車縫，有各種亮麗的色彩和款式可供選擇。例如包鞋樣式，便很適合不喜歡一般拖鞋外型的人選購。華倫也有毛毯、氈毯、枕頭等系列設計，其中她的手編羊毛薄毯，即上面有一個十字圖案的「The Crux」系列，如今已成經典。

此外，在為寒冬購買拖鞋時，不妨也順便選購超級保暖的蒙古式套頭衫，它是以犛牛皮和駱駝毛製造，非常值得推薦。

BELDI BABOUCHES

哪裡買？Beldi，9-11 Souikat Laksour, Medina, Marrakech, Morocco．電話：00 212 44 441 076
多少錢？43英鎊／79美金／63歐元起

在挑選拖鞋時，摩洛哥式的無後跟套鞋(babouches)是不錯的選擇。尖頭式樣的拖鞋首創於摩洛哥的費茲城(Fez)；當地至今依然為皇室製造獨特的黃白兩色拖鞋。至於感覺較溫和、也較具美感的圓頭式樣拖鞋，則來自馬拉喀什。若想找最漂亮的摩洛哥圓頭拖鞋，不妨前往位於馬拉喀什的Beldi。這家精品店專賣較符合西方人口味的精緻東方手工藝品，雖然它的拖鞋較昂貴，但皮質絕佳，且用手工精縫，因此相當值得。在馬拉喀什舊城區擁有一棟宅院的時裝設計師尚・保羅・高堤耶(Jean Paul Gaultier)，以及許多時尚界名流，都是它的忠實顧客。

SHEEPSKIN SCUFFS

哪裡買？網站：www.celtic-sheepskin.co.uk．www.hush-uk.com
多少錢？29英鎊／52美金／42歐元

和羊毛靴(Ugg boot)同樣源自澳洲的圓頭無後跟拖鞋(scuffs)，是以麂皮縫製，有舒適保暖的羊皮內裡，最適合嚴寒的冬夜穿著。

短襪

Pantherella

哪裡買？
網站：www.pantherella.co.uk
哪裡買？
每雙約11英鎊 / 19美金 / 16歐元

對許多男士而言，短襪能點出個人特質。因此，在穿著一身精緻的手工西服加紳士鞋時，該搭配哪種襪子才能收畫龍點睛之效？答案是Pantherella。這家位於英國萊斯特(Leicester)的公司已有65年歷史，被普遍公認是全球最好的襪子製造商。假若你是屬於會去塞維爾街訂做西服的人，那麼Pantherella的襪子就會是最合適的搭配選擇。

Pantherella的創立者路易‧戈德史密特(Louis Goldschmidt)，當年因為注意到人們開始追求質料更輕的服裝，而創立了一家細針織布廠。即使今日，Pantherella仍堅持只使用頂級品質的喀什米爾羊毛、絲、美麗諾羊毛紗線，以及海島棉(Sea Island cotton)——該品牌最暢銷的男襪便是用此質材織成。Pantherella擁有使用海島棉製造襪子的專屬權利，因此它所使用的絕對是真正的海島棉，這點和那些標榜「達到與海島棉相同品質」的同業競爭者可大不相同。海島棉和絲一樣堅韌，和喀什米爾羊毛一樣柔軟，跟羊毛一樣耐用，而且冬暖夏涼。

Pantherella紳士襪

Pantherella另一個著名的特點是襪子的腳趾接縫處，是以手工縫合織物網眼，如此能製作出平滑的弧形接縫，穿起來也更舒適。其他襪子製造商則基於成本過高，皆不使用這種精工製法。至於正確的襪子穿著方式，塞維爾街的裁縫師堅持，在坐著時，褲腳和襪頭間絕不可有露出一段小腿肌膚的間隙。

BURLINGTON ARGYLE SOCKS
哪裡買？網站：www.figleaves.com · www.sockshop.co.uk ·
所有高級百貨公司
多少錢？約7英鎊 / 13美金 / 10歐元
Burlington是最好的彩色菱格紋襪子製造商；襪上有其註冊商標的小鉚釘。由於它的產品是如此出色，甚至能請到第13代阿蓋爾公爵(the 13th Duke of Argyle)為它做廣告——因為菱格紋正是代表蘇格蘭阿蓋爾家族的格子圖紋。

GAMMARELLI
哪裡買？Via dei Cestari, Rome, Italy · 網站：www.vivre.com
多少錢？約6英鎊 / 11美金 / 9歐元
這家創於1798年的精品店以「教宗的服裝師」聞名，曾為除現任教宗以外的歷代教宗打理服飾。Gammarelli最獨特的是鮮紅色男襪，以菱格紋裝飾，襪長達膝下——有些男士特別偏愛這種長度。也有鮮紫色供顧客選購。

細高跟鞋

Manolo Blahnik

哪裡買？

49-51 Old Church Street, London, SW3 ·

電話：00 44 207 352 8622

多少錢？

375英鎊／690美金／552歐元起

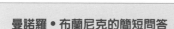

Manolo Blahnik細高跟鞋

瑪丹娜曾形容Manolo Blahnik的鞋子「比性愛還棒……而且更持久。」她的確有理由這麼說。女人一生當中用在逛街購物的時間，加起來多達3年，而花在鞋子上的錢總計約有3萬1千6百80英鎊。也難怪對女人來說，找尋最完美的細高跟鞋是件非常重要的任務。

曼諾羅・布蘭尼克(Manolo Blahnik)深知這一點。女人只要穿上他所設計的高跟鞋，便能散發出令人難以抗拒的性感魅力 ── 這正是他的設計之所以這麼出名的原因。母親為西班牙人、父親是捷克人的布蘭尼克，從小在西班牙加納利群島(Canary Island)遍植香蕉的莊園裡成長，曾在日內瓦大學研習文學、在巴黎羅浮宮學院研習藝術。後來在某次紐約之旅中，布蘭尼克見到了《時尚》(Vogue)雜誌美國版前任總編輯黛安娜・弗瑞蘭(Diana Vreeland)，她鼓勵他移居倫敦，並創立自己的鞋子品牌。

曼諾羅・布蘭尼克的簡短問答

為何細高跟鞋能讓女人的外型有如此大的轉變？

布蘭尼克：「我喜愛女人穿上高跟鞋後的體態，這是一種最快速的變身法，根本不需要整型手術！從技術的觀點來說，當你穿上細高跟鞋，它會讓你的身體在行走，以及站立時的支撐方式整個改變。」

高跟鞋如何讓女人改頭換面？

布蘭尼克：「鞋子就像一個迷你舞台，它能幫一個人展露出她所希望呈現在外的形象。」

在哪種情況下，鞋子繫帶可增添雙腿魅力？是否有規則可循？

布蘭尼克：「每個女人的雙腿特色皆不相同，幸好繫帶也有各種不同形式。一般來說，繫在腳踝部位的繫帶會切割腿部線條，讓雙腿顯得較短，因此如果你的雙腿在比例上看起來較短，我會建議你不要穿有這種繫帶的鞋子。每個人都應試穿各種鞋子，找出最適合自己的款式。」

哪些場合適合穿細高跟鞋？

布蘭尼克：「所有場合！」

哪些場合不應穿細高跟鞋？

布蘭尼克：「當你要去一棟鋪著18世紀木條鑲花地板的公寓或大宅時。」

你對細高跟鞋最早的記憶是？

布蘭尼克：「應該是我媽媽穿著她自己設計的細高跟鞋。」

你最喜歡看誰穿細高跟鞋？為什麼？

布蘭尼克：「所有女人！」

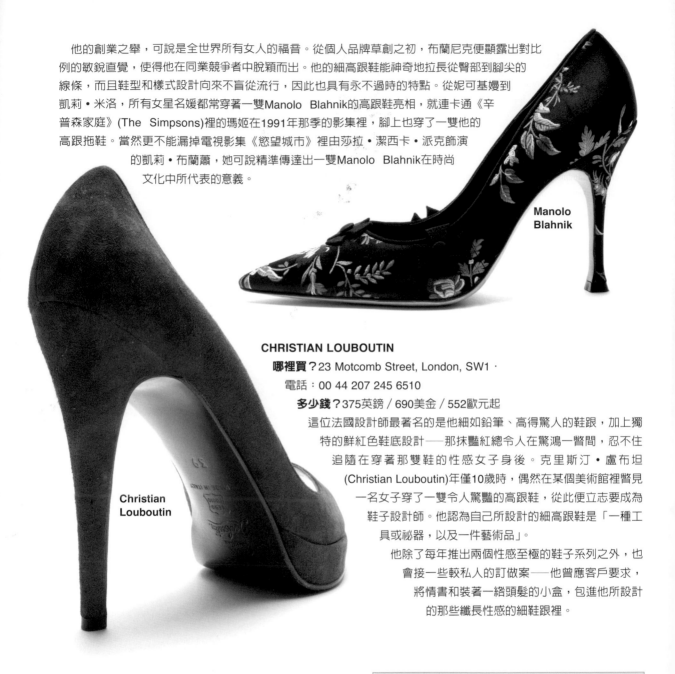

他的創業之舉，可說是全世界所有女人的福音。從個人品牌草創之初，布蘭尼克便顯露出對比例的敏銳直覺，使得他在同業競爭者中脫穎而出。他的細高跟鞋能神奇地拉長從臀部到腳尖的線條，而且鞋型和樣式設計向來不盲從流行，因此也具有永不過時的特點。從妮可基嫚到凱莉·米洛，所有女星名媛都常穿著一雙Manolo Blahnik的高跟鞋亮相，就連卡通《辛普森家庭》(The Simpsons)裡的瑪姬在1991年那季的影集裡，腳上也穿了一雙他的高跟拖鞋。當然更不能漏掉電視影集《慾望城市》裡由莎拉·潔西卡·派克飾演的凱莉·布蘭蕭，她可說精準傳達出一雙Manolo Blahnik在時尚文化中所代表的意義。

Manolo Blahnik

Christian Louboutin

CHRISTIAN LOUBOUTIN

哪裡買？ 23 Motcomb Street, London, SW1 ·

電話：00 44 207 245 6510

多少錢？ 375英鎊 / 690美金 / 552歐元起

這位法國設計師最著名的是他細如鉛筆、高得驚人的鞋跟，加上獨特的鮮紅色鞋底設計——那抹豔紅總令人在驚鴻一瞥間，忍不住追隨在穿著那雙鞋的性感女子身後。克里斯汀·盧布坦(Christian Louboutin)年僅10歲時，偶然在某個美術館裡瞥見一名女子穿了一雙令人驚豔的高跟鞋，從此便立志要成為鞋子設計師。他認為自己所設計的細高跟鞋是「一種工具或祕器，以及一件藝術品」。

他除了每年推出兩個性感至極的鞋子系列之外，也會接一些較私人的訂做案——他曾應客戶要求，將情書和裝著一絡頭髮的小盒，包進他所設計的那些纖長性感的細鞋跟裡。

最好的鞋癡網站

對鞋癡來說，www.shoewawa.com是個應有盡有的網站，其中包括各種新訊息，以及最新推出的鞋子品牌和款式，還有最新的eBay拍賣資料，這樣你便不會漏掉任何一雙正在拍賣的Manolo Blahnik或Ferragamo必購款式，又能以實惠的價錢買到。這個網站也將各種鞋款依其特色分門別類，例如「醜鞋」、「設計經典」和「楔形鞋」等；是鞋癡必上的網站。

細高跟鞋的簡史

創意獨具的鞋子設計師薩爾瓦多·菲拉格慕(Salvatore Ferragamo)在1950年代發明了加固鐵條，使得鞋子的鞋跟能做得更高。但一直要等到60年代，法國鞋子設計師羅傑·威維爾(Roger Viver)發現細高跟鞋會成為讓人們趨之若鶩的鞋跟樣式後，才讓細高跟鞋的設計更向前邁一大步。如今，細高跟已是最流行且重要的鞋跟樣式，無論在設計師鞋款設計系列或各地商圈的鞋店裡，都看得到。

別出心裁的細高跟鞋設計

GOlivia Morris：她是倫敦一位勇於創新的鞋子設計師，以奇特的鞋子圖樣和裝飾引領流行，例如大膽的圓點印花或俏皮的絲質蝴蝶結等。

網站：www.oliviamorrisshoes.com

Georgian Goodman：以做工精巧的圓錐形木質鞋跟和柔軟的皮質鞋面設計聞名；她也提供半訂做服務。

網站：www.georginagoodman.com

Pierre Hardy：曾在時裝名牌迪奧任職，並於1999年推出個人的鞋子設計系列。他註冊商標的設計是大膽的鞋型和鮮亮的顏色，堪稱是最具視覺衝擊力的高跟鞋。

地址：Dover Street Market, London, W1

電話：00 44 207 518 0688

Selve：若你想訂做高跟鞋，而且希望有至少12種款式、5種高度和許多不同質材可選，不妨到這家只有少數深諳門路者知道的店。

地址：93 Jermyn Street, London, SW1

電話：00 44 207 321 0200

網站：www.selve.co.uk

Bruno Frisoni：這位巴黎的鞋子設計師曾與知名設計師品牌克里斯辰·拉克華(Christian Lacroix)和尚·路易·薛黑(Jean Louis Scherrer)合作；他的設計靈感來自於60年代風格，以及電影和流行樂。

地址：24 Rue de Grenelle, 7th, Paris, France

電話：00 33 01 42 84 12 30

Rupert Sanderson細高跟鞋

RUPERT SANDERSON

哪裡買？33 Bruton Place, London, W1 · 電話：00 44 870 750 9181 · 網站：www.rupertsanderson.co.uk

多少錢？約340英鎊／600美金／495歐元起

英國鞋子設計師魯珀·山德森(Rupert Sanderson)從以鞋類和飾品設計聞名的考德維納學院(Cordwainers)畢業後，便在義大利鞋子品牌Sergio Rossi任職，後來於2001年在倫敦梅菲爾區創立了個人品牌。他做工精巧、雅致、又帶點俏皮的高跟鞋，很快便在世界各地吸引了一批死忠的基本客戶，影星史嘉莉·約翰森也包括其中。

高爾夫發球桿

TaylorMade R7

哪裡買？
網站：www.taylormadegolf.com
多少錢？
約449英鎊／795美金／658歐元

「**高**爾夫是一種用你的腦袋進行的運動。」
——高爾夫傳奇人物巴比・瓊斯(Bobby Jones)

曾有人形容這支發球桿是「區分真才實料的競爭者和虛張聲勢者的球桿」。在高爾夫球袋裡必備的數支木桿和鐵桿、1支挖起桿、1支推桿當中（高爾夫規則規定，球手所攜帶的球袋裡，最多可有14支球桿），它也是價格最昂貴的。

發球桿是球手開球時用來將球擊出的球桿。高爾夫球界流傳著一句話：「開球為表演，推球為獎金」，而男性球手尤其對開出去的球飛多遠特別在意。TaylorMade R7可說是一項真正創新的產品，不僅是目前職業球手最偏愛的發球桿，頗有財力的業餘球手也愛用。由於它的如此順手好用，因此許多職業高爾夫球手即使沒拿廣告費，也願意使用這個品牌的球桿。

TaylorMade向來以創新的球桿製造技術聞名，R7當然也不例外；它具有可調式配重系統，可使用所附的特殊調整桿調節桿頭重心，以獲得6種不同的「發射角」(launch settings)。不過在球賽進行當中隨意調整球桿是犯規行為，所以你應針對自己的弱點，事先調整好球桿。在幾年前R7剛推出之時，立刻震撼高爾夫球界。它不僅獲得高達95%的滿意度，而且被推崇為「全世界最令人滿意的發球桿」。

TaylorMade的創立者蓋瑞・亞當斯(Gary Adams)當初發現鐵桿打出去的球，比傳統的木桿打得更遠，於是便於1979年在美國伊利諾州創立了這家公司。另外，Titleist和Ping這兩個品牌的球桿，也值得你考慮選購。

TaylorMade R7
高爾夫球桿

CALLAWAY ERC FUSION

哪裡買？網站：www.callawaygolf.com
多少錢？249英鎊／441美金／365歐元起
Callaway是美國最暢銷的高爾夫球具品牌（TaylorMade屈居第二），它的發球桿以鈦與碳合成材料製作，力道和準確度皆優。

CLEVELAND LAUNCHER

哪裡買？網站：www.clevlandgolf.com
多少錢？83英鎊／150美金／116歐元起
此款球桿具備鈦金屬大桿頭，非常適合不擅發球的球手使用。

速克達機車

Vespa GTS250

哪裡買？
網站：www.vespa.com
多少錢？
約3249英鎊 / 5750美金 / 4762歐元

偉士牌Piaggio
GTS250機車

偉士牌(Vespa)這個字在義大利文裡的意思是「黃蜂」
——若你聽過這種機車馳過街道的聲音，就不難明
瞭了。當年，雷納多・皮亞吉歐(Rinaldo Piaggio)為振
興二次世界大戰後的義大利，而發明了偉士牌機車。他
要求旗下的設計師設計出一輛男女皆適合騎乘的機
車，不僅能兩人共乘，騎的時候也不會弄髒衣服——
對於注重時尚的義大利來說，這點非常重要。

第一部偉士牌機車於1946年在義大利上市後，人們
發現它即使駛在因戰爭而滿目瘡痍的路面上，也能靈
活駕馭，於是立刻大為熱賣。此後，偉士牌在全
球總共賣出超過1千6百萬輛機車，其中知名的車款包括出現在奧黛麗・赫本主演的電影《羅馬假期》(Roman
Holiday)的LX，還有於1996年推出、大大增加偉士牌在都會地區銷售量的ET2（此款機車正是影星葛妮絲・派特羅在
倫敦街道上騎乘的那輛）。

GTS250是偉士牌至今最新、最強而有力的車款，也是列入紐約現代美術館永久館藏的GS(Grand Sport)車款之更新
版。GTS250擁有偉士牌註冊商標的流線車體造型，最高時速可達一小時76英里（120公里）——由於它能達到如此高
的時速，因此在英國騎乘，須備有機車執照。GTS250具備大型頭燈、鉻鐵車尾置物架、椅墊下寬敞的置物空間，以
及一個手套置物格。

近幾年來，由於都市擁塞的交通，使得能讓通勤者更快抵達目的地的速克達機車再度風行。而偉士牌機車最新的改
良外型，無論男女，都深受吸引——男士喜愛它帶有義大利跑車風格的銀亮金屬鑲邊，而女性則欣賞它可用來掛皮包
的架子設計。

PIAGGIO ZIP

哪裡買？網站：www.piaggio.com
多少錢？1199英鎊 / 2122美金 / 1757歐元起
它的身影在倫敦的街道處處可見，是非常適合都市的車款——價格不高又輕便易騎。

LAMBRETTA LD150

哪裡買？各地古典專門店，包括網站：www.supersonicscooters.com 和 www..labretta.co.uk
多少錢？約1750英鎊 / 3097美金 / 2565歐元
在1950和1960年代，Lambretta是偉士牌主要的對手。這款機車有兩個分開的座椅，時速可達52英里（84公里），雖
然已在1970年代停產，但至今依然頗受喜愛。

滑雪板

哪裡買？
網站：www.k2skis.com・
Snow and Rock・網站：www.snowandrock.com
多少錢？
299英鎊 / 527美金 / 441歐元起

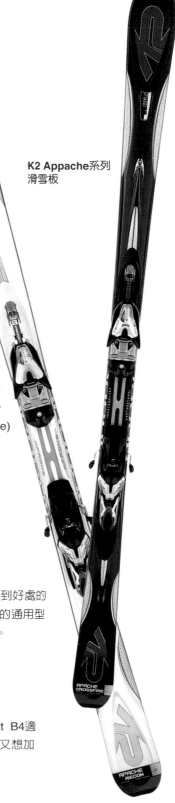

**K2 Appache系列
滑雪板**

5千年前的岩洞壁畫上，即描繪了滑過雪地的獵人，而18世紀的瑞典陸軍，也將滑雪列入訓練課程，但是第一雙和現今樣式類似的滑雪板，直到19世紀才由挪威人開發出來，到了1928年，法國人則打造出第一雙鋁製滑雪板。現在的滑雪板比過去更短、更寬、前端也較圓，並且依滑雪技術等級的高低，各有不同的適用款式。因此，無論你是要去度一週的雪道滑雪假期，還是參加難度高且較刺激的雪地滑雪活動，都應選擇最適合本身程度的滑雪板，而尺寸和樣式也應列入考量。滑雪必要裝備除了滑雪外套、雪鏡、和連身衣褲之外，真正的滑雪運動愛好者也深知，一雙好的滑雪板是無可取代的。你並不一定得買最昂貴的，而是應該根據本身的需求，選購適合的滑雪板。K2是一個品質精良的加拿大品牌，為滑雪好手提供精心打造的滑雪板。Apache系列尤其令人驚豔，它以特殊的提坦金屬壓板(Titan Metal Laminate)製成，因此任何狀況和地形皆適用。

VOLKL

哪裡買？網站：www.voelkl.com・
Ellis Brigham，3-11 Southampton Street, London, WC2・
電話：00 44 207 395 1010・網站：www.dllisbrigham.com
多少錢？500英鎊 / 881美金 / 738歐元起
這個德國品牌提供款式多樣的滑雪板，其中包括板腰寬度和側切大小皆恰到好處的Unlimited系列，適用於各技術等級和形式的滑雪活動，換言之，它是絕佳的通用型滑雪板。Volkl的滑雪板也具備輕型加倍控制設計以及相應的衝力吸收裝置。

ROSSIGNOL

哪裡買？網站：www.rossignaol.com・Snow and Rock（網站見上文）
多少錢？299英鎊 / 530美金 / 440歐元起
絕佳的品牌，提供各種滑雪板，尤其有不少專為女性設計的滑雪板。Bandit B4適用於自由滑行，而Open系列則極適合那種每年會去度一週滑雪假期、同時又想加強迴轉和控制能力的人。